Spring Boot + Vue.js 企业级
管理系统实战

曹宇 唐一峰 胡书敏 著

清华大学出版社

北京

内 容 简 介

本书以一个完整的全栈微服务项目为主线，详细阐述项目的技术架构、开发流程和技术要点，包括Vue.js前端技术、Spring Boot后端技术和Spring Cloud Alibaba微服务技术和中间件技术。本书主要内容包括：项目技术架构，Vue.js实例和指令，Element-UI控件，Vue.js方法、监听器和事件处理，前端组件和前端布局，用Vuex实现组件间的交互，Spring Boot项目的基本框架，后端控制器和Swagger组件，后端业务层和数据服务层，分页、事务Redis缓存和分库分表，全栈系统的前后端交互，面向切面编程、过滤器和拦截器，整合日志组件，整合Nacos服务治理组件，限流、熔断和服务降级，整合Gateway网关组件，整合Skywalking监控组件。通过阅读本书，读者能够系统地掌握开发全栈项目的核心技术，同时，运用这些技术开发一个企业级的管理系统。

本书尤其适合缺少项目经验的Java开发人员、在校学生用于高效掌握各种企业级开发技术，提升实战技能，也可作为大中专院校计算机专业实践课或毕业设计的参考用书。

图书在版编目（CIP）数据

Spring Boot+Vue.js企业级管理系统实战/曹宇，唐一峰，胡书敏著. —北京：清华大学出版社，2024.1

ISBN 978-7-302-64979-3

Ⅰ．①S… Ⅱ．①曹… ②唐… ③胡… Ⅲ．①网页制作工具－JAVA 语言－程序设计 Ⅳ．①TP312.8 ②TP393.092.2

中国国家版本馆 CIP 数据核字（2023）第 224936 号

责任编辑：王金柱
封面设计：王　翔
责任校对：闫秀华
责任印制：丛怀宇

出版发行：清华大学出版社
　　　网　　址：https://www.tup.com.cn, https://www.wqxuetang.com
　　　地　　址：北京清华大学学研大厦 A 座　　　　　　邮　　编：100084
　　　社 总 机：010-83470000　　　　　　　　　　　邮　　购：010-62786544
　　　投稿与读者服务：010-62776969，c-service@tup.tsinghua.edu.cn
　　　质量反馈：010-62772015，zhiliang@tup.tsinghua.edu.cn
印 装 者：三河市天利华印刷装订有限公司
经　　销：全国新华书店
开　　本：190mm×260mm　　　　印　　张：16　　　　字　　数：432 千字
版　　次：2024 年 1 月第 1 版　　　　　　　　　　印　　次：2024 年 1 月第 1 次印刷
定　　价：89.00 元

产品编号：104980-01

前　言

缺少项目经验的Java程序员有必要通过一个全栈项目全面掌握真实项目的开发技巧。但是，全栈项目并不是简单地整合前后端组件：一方面，前后端项目需要通过异步的方式交互数据；另一方面，后端项目为了实现企业的各种需求，需要引入日志、分页、Swagger以及微服务方面的组件。

本书给出的管理系统源自真实项目，其中用到了Vue.js等框架和技术开发前端项目，用Spring Boot框架开发后端项目，为了进一步实现企业级的负载均衡和限流等需求，该系统还在Spring Boot框架的基础上整合了Nacos和Gateway等组件。

跑通项目是学习项目的基础，本书首先讲述了搭建项目的详细步骤，具体包括如何创建数据库和数据表，如何编译和跑通前端Vue.js项目，以及如何编译和启动后端项目。在此基础上，读者可以通过下载本书提供的前后端项目代码，在本机跑通该项目并看到运行结果。

跑通项目以后,本书按照着前端、后端和微服务开发的流程,分别讲述了这三部分的开发要点。其中，前端开发要点包括：用Element UI组件开发页面效果、用Vue.js技术实现路由和用Axion组件实现前后端交互。在此技术上，还全面讲述了前端布局的实践要点。

后端开发要点包括：通过MyBatis和JPA与数据库交互的实践要点，通过Logback实现企业级日志需求的开发要点，通过Swagger提供API调试平台的实践要点，以及前后端安全交互的实践要点。

微服务开发要点包括：用Nacos组件实现服务治理和负载均衡的实践要点，用Gateway组件实现企业级网关的实践要点，用Sentinel组件实现限流和熔断等需求的实践要点，以及用Skywalking组件实现企业级项目监控的实践要点。此外，本书还讲述了搭建Nacos集群和Nacos整合Gateway以及Sentinel组件的实践要点。

可以说，本书给出的全栈项目全面涵盖企业级项目的开发技术，并给出了详细的搭建环境和运行项目的步骤，并在此基础上针对代码进行讲解，能够确保读者看得懂、学得会、用得上，帮助Java开发人员高效地掌握各种企业级开发技术。

本书尤其适合缺少项目经验的Java开发人员、在校学生用于高效掌握各种企业级开发技术，提升实战技能，也可作为大中专院校计算机专业实践课或毕业设计的参考用书。

本书还提供了项目的完整代码，读者用微信扫描下方的二维码即可下载。

如果在学习和下载资源的过程中遇到问题，可以发送邮件至booksaga@126.com，邮件主题写"Spring Boot+Vue.js企业级管理系统实战"。

本书由资深架构师胡书敏和上海城建职业学院的曹宇、唐一峰共同完成，虽然作者尽心竭力，但限于水平，疏漏之处在所难免，恳请相关技术专家和读者不吝指正。

作　者

2023年12月

目　　录

第 1 章

Spring Boot+Vue全栈
开发概述

本书将以一个人事管理系统的案例，讲述 Spring Boot + Vue 全栈开发的实战技巧。

在第 1 章中，首先概述 Spring Boot 和 Vue 等本书用到的技术和组件，随后带领读者搭建前后端和数据库等开发环境，在此基础上，再讲述跑通人事管理系统的操作步骤。

在跑通人事管理系统的基础上，本章将直观地讲述前后端各组件的概念和实践要点，这样就能为之后的学习打好扎实的基础。

1.1 全栈开发模式和前后端技术栈

通俗地讲，全栈开发的含义是程序员需要掌握前后端开发的能力，比如在一些中小型公司或项目组中，一些能独当一面的程序员普遍都能一肩挑两担。

全栈程序员在开发前后端功能时，一方面需要使用各种现成的组件，这样就无须从零开始开发，另一方面还需要采用合适的软件架构模式，这样就能提升软件产品的扩展性和维护性。

以人事管理系统为例，全栈开发包含以下部分。

1. 前端部分

使用React/Vue等框架编写Web页面，实现人事系统的登录、查看员工信息、提交申请等页面功能。

使用TypeScript编写页面逻辑，调用后端API完成前后端交互。

使用SCSS/LESS等编写样式实现用户友好的页面设计。

2. 后端部分

使用Java/Node.js等语言编写后端服务。

设计RESTful API，实现员工信息、绩效考核、请假流程等接口。

使用Spring/Express等框架合理组织后端代码的架构。

部署后端服务，使其能稳定运行。

3. 数据持久化

使用MySQL/MongoDB等数据库保存员工信息、考核记录、系统日志等数据。

使用ORM框架（如MyBatis）进行数据映射。

设计合理的数据库模型，保证数据的完整性。

在开发过程中，全栈工程师还需要关注代码质量、安全性、高可用性等非功能需求，使用合适的方法与架构保证软件系统的健壮性。

1.1.1　全栈开发中的 MVC 模式和 MVVM 模式

在基于全栈技术的项目中，程序员不能把前后端的代码毫无原则地混杂到一起，而应当根据业务功能的分类把前后端各部分的代码用MVC模式的方式组织到一起，即把前端代码放到视图层（View）的模块中，把定义前后端映射关系的代码放到控制器（Controller）模块中，而把实现业务的诸多方法放到模型层（Model）模块中，具体效果如图1-1所示。

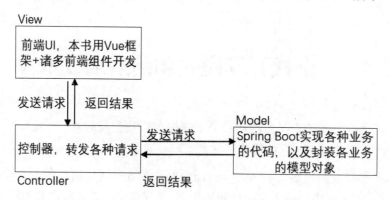

图 1-1　MVC 模式效果图

用MVC模式开发全栈项目的好处主要体现在两个方面：第一，前后端开发和维护的工作会变得相对独立，即这两部分的代码可以同步开发，以提升效率；第二，前后端各模块之间的相互调用关系会变得非常清晰，这样就能避免因改动代码而导致其他功能受影响。

本书所讲述的全栈项目也是基于MVC模式开发的，具体是用Vue前端框架和诸多前端控件组件来开发视图层的代码，用Spring Boot的控制器类来开发控制器模块的代码，用Spring Boot+MyBatis+MySQL等后端技术开发模型部分的代码。

如果再细化前端视图层,可以发现视图层还可以划分成"界面"和"业务行为"这两大类,比如在登录页面中,界面是静态的,由若干输入窗口和若干操作按钮构成,而业务行为则是动态的,当用户输入用户名和密码,单击"登录"按钮后,该窗口会执行"登录"的业务动作,并把业务动作所得的结果展现在前端窗口中。

根据软件开发中"低耦合"的设计原则,在Vue等前端框架中,还会在MVC模式的基础上进一步采用MVVM模式,即采用Model-View-ViewModel模式。这里Model依然代表模型,View依然代表视图,而ViewModel则可以用在前后端业务行为交互的场景中。

在业务行为中,程序员通过ViewModel对象,一方面可以把前端View页面中的数据填充到Model对象中并传递到后端处理,另一方面可以把后端业务处理结果,即Model对象填充到前端View页面中,该模式的具体效果如图1-2所示。

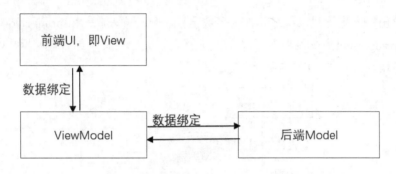

图 1-2　MVVM 模式效果图

大多数的全栈项目,其前后端代码的组织和交互方式都是基于MVC和MVVM模式的,本书所讲述的人事管理系统也不例外,或者说,只要在全栈系统中引入Vue和Spring Boot等框架,并遵循本书后文所讲述的框架开发要点,该全栈系统一般都能符合MVC和MVVM模式的要求。

1.1.2　前端 Vue 框架及其相关组件

本书所讲述的人事管理系统的前端是基于MVVM模式的Vue框架开发而成的,而Vue框架的前端页面一般由如下三部分组成。

(1)用于定义前端静态页面的Template模板,事实上前端页面一般是由静态Template模板外加动态数据填充而成的。

(2)用于定义各种前端模块之间以及前后端模块之间交互动作的Script脚本,在大多数Vue框架项目中,一般采用JavaScript脚本来定义各种交互动作。

(3)用户定义各种页面样式效果的Style,这部分一般由CSS或SCSS等各种样式的文件构成。

此外,在基于Vue前端框架的项目中,程序员可以通过使用如下组件来实现各种前端功能,本书所讲的人事管理系统也主要使用如下组件。

- vue-route组件：用于实现路由效果。
- element-ui组件：用于编写各种前端"文本框"或"按钮"等部件。
- axios组件：用于实现前后端交互动作。
- js-cookie组件：用于管理用户的Cookie。
- vuex组件：用于管理前端的各种状态。

当然，用于实现各种前端效果的前端组件还有很多。事实上，在其他的Vue前端项目中，程序员也没必要什么都从零开发，也可以通过引入各种前端组件并使用组件中的API来实现各种功能效果，从而提升项目开发的效率。

1.1.3 后端 Spring Boot 框架及其相关组件

本书所给出的人事管理系统和其他大多数全栈项目一样，都是用Spring Boot框架来开发后端功能的。Spring Boot是一种基于MVC的业务开发框架，在其中包含控制器层、业务层和数据服务层等模块，其效果如图1-3所示。

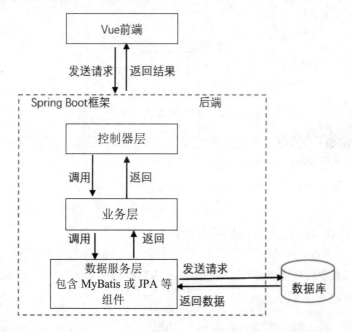

图 1-3　Spring Boot 框架效果图

从图1-3中可以看到，Spring Boot是个能简化Web开发的框架，由于在其中封装了很多Web交互的细节，程序员能通过在控制器层、业务层和数据服务层编写合适的代码从而实现各种业务功能和数据请求动作。

而且，由于Spring Boot框架包含IoC（Inversion of Control，控制反转）和AOP（Aspect-Oriented Programming，面向切面编程）等特性，所以程序员能用"低耦合"和"高效聚合"的方式来开发和管理Spring Boot框架中的诸多业务模块，从而提升后端项目的可维护性和扩展性。

1.1.4　前端、后端与数据库之间的交互

在开发全栈项目时，程序员不仅要开发前端和后端的代码，更需要关注前端与后端以及后端与数据库之间的交互。

本项目采用的数据库是MySQL，本项目和其他全栈项目一样，采用Axios组件来实现前后端数据的交互，采用MyBatis和JPA等ORM组件来实现后端Spring Boot框架和MySQL数据库的交互。

总之，在大多数全栈项目中，各种交互动作也是通过组件来实现的，这样就可以把各种交互的细节交由组件底层来实现，而程序员可以集中精力管理"数据交互"这件事。

1.2　搭建前端开发和运行环境

前端集成开发环境有很多，为了和后端开发工具保持一致，本书还是采用IDEA来开发前端代码。为了让前端代码能正确地运行，程序员不仅需要安装诸如Node.js等包管理工具，还需要在前端项目的package.json文件中引入所需的前端组件。

1.2.1　安装 Node.js

Node.js是一个支持JavaScript的运行平台，就像Java程序可以在JVM虚拟机上运行一样，JavaScript代码也可以在Node.js平台上运行。

由于人事管理系统的前端项目包含JavaScript脚本，因此首先需要安装Node.js环境，具体的安装步骤是，到官网下载Windows环境对应的Node.js安装包，下载完成后在本地安装。确认成功安装Node.js的方法是，在命令行中运行node –version命令，如果能看到Node.js的版本，则说明安装成功。

成功安装Node.js后，Node.js自带的包安装工具npm也能成功安装到本地，通过npm工具及其命令，程序员能高效地在前端项目中下载、删除、更新和引入所需要的开发包。

为了高效地使用Node.js及其npm包管理工具，建议大家把对应的npm等命令配置到Windows操作系统的Path路径中，这样在任何路径都能使用npm等命令。

1.2.2　npm 命令介绍

前面已经讲过，npm是Node.js的包管理工具，这里的"包"，其实指的是前文提到的前端组件，比如vuex-router。在项目实践中，程序员一般会用到如下npm命令。

- npm install，通过该命令，程序员能安装前端项目所需的包，而在前端项目的package.json文件中，一般会指定该安装哪些包。
- npm install包名，通过该命令，程序员可以安装指定的包，比如通过npm install vuex命令，程序员可以安装vuex包。
- npm list，通过该命令，程序员可以查看现有的已经安装好的包。
- npm init，通过该命令，程序员可以生成一个空白的前端项目，在该空白项目中一般会包含package.json文件，在其中程序员可以定义该项目需要用到的包。
- npm run脚本名，通过该命令，程序员能执行已定义好的脚本名，在大多数场景中，程序员一般会通过诸如npm run dev等命令启动前端项目。

1.2.3 搭建空白 Vue 项目

在安装好Node.js及其npm包管理工具以后，一般可以通过如下步骤搭建一个空白的Vue项目，然后在其中通过引入包和编写代码等方式开发前端项目。

步骤01 用npm install vue和npm install vue-cli -g命令安装vue和vue-cli组件，其中在vue组件中封装了Vue框架的相关底层实现代码，而通过vue-cli组件中的命令，程序员能高效地搭建一个空白的Vue项目。

这里需要说明的是，如果不安装vue-cli组件，是没办法在第二步中通过vue init命令创建空白的Vue项目的。

步骤02 通过vue init webpack prj-frontend命令创建一个名为prj-frontend的前端空白项目，运行该命令后，程序员还需要在如下的交互命令中输入相关的参数，该命令运行完成后，大家能看到一个空白的前端项目prj-frontend。

```
01   Project name prj-frontend
02   Project description vue project
03   Author
04   Vue build standalone
05   Install vue-router? Yes
06   Use ESLint to lint your code? Yes
07   Pick an ESLint preset Standard
08   Set up unit tests No
09   Setup e2e tests with Nightwatch? No
10   Should we run `npm install` for you after the project has been created?
(recommended) npm
```

创建后，用IDEA等集成开发工具打开该项目，能看到在该项目的根目录存在package.json文件，在该文件中包含prj-frontend项目的名字、版本和描述等信息，这些信息都是可以修改的。

此外，在package.json文件的dependencies部分定义了该项目需要用到的前端组件（也叫前端依赖包），如果要在项目中引入其他组件，可以添加或修改这部分的代码。

本书所讲的人事管理系统的前端Vue项目就是在创建的空白项目中加入必要的Vue代码以及JavaScript和SCSS样式等代码，最终实现各种前端需求。

1.2.4　安装依赖包

前面提到的前端组件、前端包和前端依赖包其实是一个概念，在不同的前端组件中往往封装了实现特定功能的代码，通过调用其中的API或控件，程序员能高效地实现各种前端功能。

比如在element-ui包中封装了前端开发需要用到的文本框和按钮等控件，程序员通过引入这个包能高效地绘制前端页面。

在前端项目中安装依赖包一般有两种方式，一种是如前文所讲述的，在package.json文件中定义所需要的安装包，比如在dependencies中通过如下代码定义需要引入的依赖包，再到项目所在的路径中通过npm install命令安装。

```
01    "dependencies": {
02      "axios": "^0.24.0",
03      "core-js": "^3.27.2",
04      "element-ui": "^2.15.6",
05      "js-cookie": "^3.0.1",
06      "vue": "^2.6.12",
07      "vue-meta": "^2.4.0",
08      "vue-router": "^3.4.9",
09      "vuex": "^3.6.0"
10    }
```

另一种方式是，在项目所在的路径中，通过npm install element-ui和npm install vue等命令，用npm install包名的方式逐一安装所需的依赖包。

1.3　搭建后端开发和运行环境

本书的后端项目用到了Spring Boot框架，为了开发和运行该后端项目，程序员不仅需要安装JDK（Java Development Kit）和IDEA，还需要安装包管理工具Maven，以及MySQL数据库和Redis缓存组件。

1.3.1　安装 JDK 和 IDEA 集成开发环境

JDK是用于开发Java程序的工具包，本书建议大家安装JDK 11版本。读者可以到官网去下载。下载后根据提示完成安装，安装后，依然建议把java.exe所在的路径放入Windows操作系统的Path环境变量中。程序员固然可以直接用记事本开发Java程序，但这样开发代码的效率太低，而且整体项目很难维护，所以程序员一般会通过集成开发环境来开发后端项目。

当前能开发全栈项目的集成开发环境有Eclipse、VS Code和IDEA等，此外，还有其他适用于前后端开发的集成开发环境。为了方便起见，本书统一使用IDEA来开发和管理前后端项目。

IDEA的全称是Intellij IDEA，可以从官网下载安装包，下载后即可双击安装。安装后打开IDEA，如果能看到如图1-4所示的效果，则确认安装成功。

图 1-4　IDEA 成功安装的效果图

1.3.2　安装 MySQL 和 MySQL Workbench 客户端

本书用到的数据库是MySQL，可以到官网去下载安装包并安装。下载完成后，可以按照提示完成安装动作。

安装MySQL数据库的同时，安装程序还会要求使用者配置MySQL数据库服务器的实例，其中会让大家输出针对root用户名的密码，本书输入的是123456，这里大家也可以按实际的需求输入对应的密码。

完成安装MySQL数据库后，MySQL数据库服务器会自动启动，此后每次重启Windows操作系统时，MySQL数据库服务器都会自动启动。为了更高效地连接并使用MySQL数据库，这里建议大家再去安装MySQL的客户端程序，本书用到的是MySQL WorkBench 6.3.3版本，该客户端可以从官网下载。

1.3.3　安装 Redis 缓存

MySQL等数据库是以"数据表"的形式，以文件的方式来存储数据的，而Redis属于NoSQL数据库，是在内存中以键－值对的方式存储数据的。

由于Redis是在内存中保存数据的，因此一方面只能保存格式相对简单的数据，另一方面能以较高的性能来读写数据，根据这两大特性，Redis在不少项目中会被当成缓存来使用，而在本书所提供的人事管理系统中也是以Redis来作为缓存的，用于缓存热点数据。

本书对应的案例在Windows操作系统上开发，为了在Windows操作系统上搭建Redis环境，大家需要下载并安装支持Windows系统的Redis安装包。

安装完成后，能在Redis的安装路径中看到redis-server.exe和redis-cli.exe两个可执行文件，其中前者用来启动Redis服务器，后者用来启动Redis客户端。

运行redis-server.exe以后，如果能看到如图1-5所示的界面，那么说明Redis成功启动，在默认情况下，Redis服务器工作在6379端口。

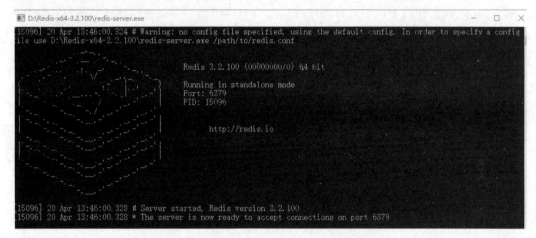

图1-5　成功启动Redis服务器的效果图

成功启动Redis服务器后，不要关闭该窗口，然后继续运行redis-cli.exe来启动Redis客户端。运行该命令后，如果看到如图1-6所示的效果，则说明该Redis客户端成功地连接到Redis服务器。成功连接服务器以后，就可以运行诸如set和get等Redis命令。

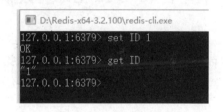

图1-6　Redis客户端成功连接服务器的效果图

1.3.4　后端项目管理工具 Maven

本书的前端项目是用Node.js以及对应的npm包管理工具来管理的，一方面可以以此创建新的空白项目，另一方面可以通过npm包管理工具在前端项目中引入所需要的依赖包。

对应地，本书的后端项目是用Maven管理的，Maven是一种比较常用的Java项目管理工具，通过Maven，程序员可以高效地创建、编译和部署Java项目。此外，通过Maven工具中的项目对象模型，程序员能高效、便捷地管理后端项目需要的依赖包。

由于在IDEA集成开发工具中已经包含Maven，因此在搭建后端开发环境时无须再额外安装Maven工具。

在基于Maven的后端项目中，程序员一般会在pom.xml文件中定义所需要依赖的组件（依赖包），这样就能通过使用各组件对应的API开发各种后端功能。

比如在人事管理系统后端项目的pom.xml文件中，可以通过如下代码引入Spring Boot依赖包，引入其他依赖包的代码与此相似。

```
01  <dependency>
02      <groupId>org.springframework.boot</groupId>
03      <artifactId>spring-boot-dependencies</artifactId>
04      <version>2.5.6</version>
05  </dependency>
```

通过pom.xml文件指定该引入哪些依赖包之后，程序员可以通过Maven工具在后端项目中下载并导入依赖包，这样程序员就能在后端项目中开发这些依赖包所支持的功能了，比如用MyBatis连接数据库，用Spring Security进行身份验证，以及用Logback输出日志。

1.4　跑通人事管理系统

按前面的提示完成搭建前后端的开发和运行环境后，建议大家先在本地跑通该人事管理系统，这样就能通过观察前端效果直观地了解全栈项目各部分的样式以及运行流程，从而为后续深入学习前后端各种关键技术打下良好的基础。

1.4.1　在 MySQL 上配置数据库和数据表

这里可以通过MySQL WorkBench客户端，通过如图1-7所示的方式在本地MySQL数据库服务器上创建一个名为 hr_manager的数据库（Schema）。

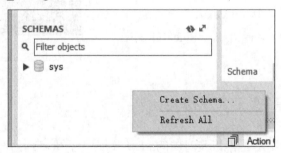

图 1-7　创建 MySQL 数据库的示意图

在一个MySQL数据库服务器（也叫数据库实例）中，可以根据业务类型的不同创建一个或多个数据库（Schema），比如这里创建的是名为hr_manager的数据库，在其他场景中，可以创建诸如订单管理或商品管理的数据库。

而在一个数据库中，可以创建和该业务相关的一个或多个数据表，比如在hr_manager数据库中，可以创建和人事管理相关的若干张数据表。

首先可以通过如下SQL语句创建一个名为user_info的用户信息表，该表用来记录能登录本系统的用户信息。

```
01  create table user_info (
02    user_id          bigint(20)     not null auto_increment   ,
03    user_name        varchar(45)    not null                  ,
04    nick_name        varchar(45)    not null                  ,
05    password         varchar(150)   default ''                ,
06    primary key (user_id)
07  ) engine=innodb auto_increment=100 comment = '用户信息表' DEFAULT
CHARSET=utf8;;
```

该数据库的字段信息及其含义如表1-1所示。

表1-1　用户信息表的字段信息一览表

字　段　名	含　　义
user_id	用户ID，该表的主键
user_name	登录用户名
nick_name	用户的昵称
password	登录密码

创建该表后，可以通过如下Insert语句插入一条用户数据。

```
01  insert into user_info values(1, 'admin', 'admin',
'$2a$10$7JB720yubVSZvUI0rEqK/.VqGOZTH.ulu33dHOiBE8ByOhJIrdAu2');
```

由于本项目的后端是采用Spring Security来进行身份验证的，其中会对用户密码进行加密，因此这里插入的密码是加密后的admin123。插入该数据后，大家就可以用admin和admin123这对用户名和密码登录本系统。

随后可以通过如下语句创建名为employee的员工信息表。

```
01  CREATE TABLE `employee`(
02    `id` int(11) NOT NULL AUTO_INCREMENT COMMENT '编号',
03    `dept` varchar(255) CHARACTER SET utf8mb4 COLLATE utf8mb4_general_ci NULL
DEFAULT NULL COMMENT '部门',
04    `name` varchar(255) CHARACTER SET utf8mb4 COLLATE utf8mb4_general_ci NULL
DEFAULT NULL COMMENT '姓名',
05    `position` varchar(255) CHARACTER SET utf8mb4 COLLATE utf8mb4_general_ci
NULL DEFAULT NULL COMMENT '职位',
06    `salary` double(10, 2) NULL DEFAULT NULL COMMENT '薪资',
07    PRIMARY KEY (`id`) )
```

通过表1-2，大家能看到该表各字段的含义。

表 1-2　员工信息表的字段信息一览表

字　段　名	含　　义
id	员工ID，该表的主键
dept	员工部门
name	员工姓名
position	该员工的职位
salary	员工薪资

随后可以通过如下语句创建名为dept的部门信息表。

```
01   CREATE TABLE `dept`(
02     `id` int(11) NOT NULL AUTO_INCREMENT COMMENT '部门编号',
03     `name` varchar(255) CHARACTER SET utf8mb4 COLLATE utf8mb4_general_ci NULL
DEFAULT NULL COMMENT '部门名',
04     `manager` varchar(255) CHARACTER SET utf8mb4 COLLATE utf8mb4_general_ci NULL
DEFAULT NULL COMMENT '部门经理',
05     `reportTo` varchar(255) CHARACTER SET utf8mb4 COLLATE utf8mb4_general_ci
NULL DEFAULT NULL COMMENT '汇报对象',
06     PRIMARY KEY (`id`) )
```

通过表1-3，大家能看到该表各字段的含义。

表 1-3　部门信息表的字段信息一览表

字　段　名	含　　义
id	部门 ID，该表的主键
name	部门名字
manager	部门经理
reportTo	该部门经理的汇报对象

随后可以通过如下语句创建名为employee_kpi的员工评价信息记录表。

```
01   CREATE TABLE `employee_kpi`(
02     `id` int(11) NOT NULL AUTO_INCREMENT COMMENT '员工编号',
03     `kpi` varchar(255) CHARACTER SET utf8mb4 COLLATE utf8mb4_general_ci NULL
DEFAULT NULL COMMENT '考评结果',
04     `bonus` varchar(255) CHARACTER SET utf8mb4 COLLATE utf8mb4_general_ci NULL
DEFAULT NULL COMMENT '奖金',
05     `manager` varchar(255) CHARACTER SET utf8mb4 COLLATE utf8mb4_general_ci NULL
DEFAULT NULL COMMENT '考评人',
06     PRIMARY KEY (`id`) )
```

通过表1-4，大家能看到该表各字段的含义。

表 1-4　评价信息记录表的字段信息一览表

字　段　名	含　　义
id	员工 ID，该表的主键
kpi	考核结果
bonus	奖金数量
manager	考核人

随后可以通过如下语句创建名为salary_level的职位薪资对应表。

```
01   CREATE TABLE `salary_level` (
02     `id` int(11) NOT NULL AUTO_INCREMENT COMMENT '编号',
03     `job_type` varchar(255) CHARACTER SET utf8mb4 COLLATE utf8mb4_general_ci
NULL DEFAULT NULL COMMENT '职位类型',
04     `salary` double(10, 2) NULL DEFAULT NULL COMMENT '薪资水平',
```

```
05    `salaryrange` double(10, 2) NULL DEFAULT NULL COMMENT '上下幅度',
06    PRIMARY KEY (`id`) )
```

通过表1-5，大家能看到该表各字段的含义。

表 1-5　职位薪资对应表的字段信息一览表

字 段 名	含 义
id	编号，该表的主键
job_type	职位类型
salary	薪资
salaryrange	薪资幅度

随后可以通过如下语句创建名为hire_num的招聘信息表。

```
01    CREATE TABLE `hire_num` (
02     `id` int(11) NOT NULL AUTO_INCREMENT COMMENT '编号',
03     `dept` varchar(255) CHARACTER SET utf8mb4 COLLATE utf8mb4_general_ci NULL
DEFAULT NULL COMMENT '部门',
04     `num` double(10, 2) NULL DEFAULT NULL COMMENT '招人名额',
05     `endtime` varchar(255) CHARACTER SET utf8mb4 COLLATE utf8mb4_general_ci NULL
DEFAULT NULL COMMENT '截止时间',
06    PRIMARY KEY (`id`) )
```

通过表1-6，大家能看到该表各字段的含义。

表 1-6　招聘信息表的字段信息一览表

字 段 名	含 义
Id	编号，该表的主键
Dept	招聘部门
num	招聘数量
endtime	招聘截止日期

在一些比较传统的项目中，是直接通过JDBC和MySQL数据库交互的，而在本书所讲述的后端项目中，是通过基于MyBatis和JPA这两种ORM方式和MySQL数据库交互的。

1.4.2　安装编译和运行前端项目

可以把本书所提供的前端代码下载到本地，本书的前端项目名叫prj-frontend。打开一个命令行窗口，进入prj-frontend所对应的目录，在成功安装Node.js的前提下，先运行npm install命令，在该项目中安装前端所需要的依赖包。

安装成功后，可以通过npm run dev编译和启动前端项目，前端项目启动后，在浏览器中输入localhost，能看到如图1-8所示的登录界面。

由于此时没有启动后端项目，因此不仅看不到登录界面中的验证码窗口，而且单击"登录"按钮后无法登录系统。

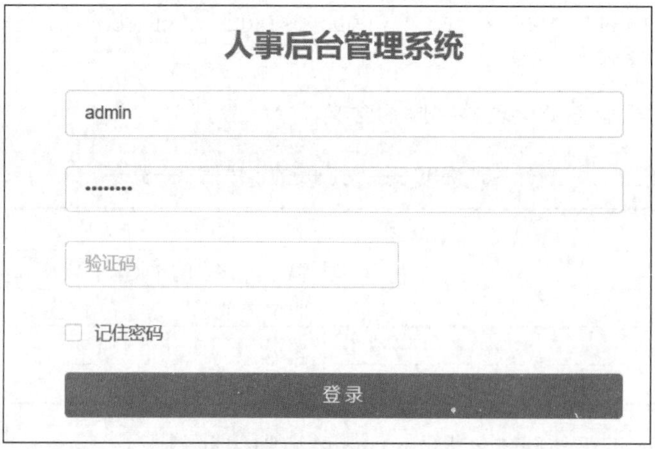

图 1-8　启动前端项目后的效果图

1.4.3　启动后端 Spring Boot 框架项目

把本书所提供的prj-backend项目下载到本地,再用IDEA集成开发环境打开。在确保MySQL数据库服务器和Redis缓存服务器都启动的前提下,运行SpringBootApplication.java文件启动该Spring Boot项目。

第一次启动会有些慢,因为在这个过程中Maven会根据pom.xml中的定义来下载该项目需要的后端依赖包。后端项目启动后,再次到浏览器中输入localhost,能看到包含验证码的登录界面,如图1-9所示。

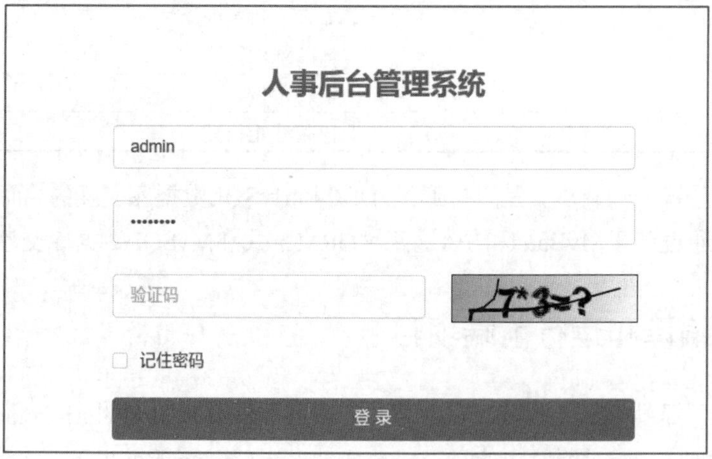

图 1-9　包含验证码的登录界面

在该界面中,可以通过输入admin用户名和admin123密码以及正确的验证码登录系统,这里的用户名和密码需要和user_info数据表中的用户信息相匹配。

该Spring Boot后端项目包含如下热门组件和技术,它们在真实项目中得到了广泛的使用。

- IoC依赖注入和AOP面向切面编程技术,这些是Spring编程的基石。

- MyBatis和JPA属于ORM组件，用在后端项目和数据库交互的场景中。
- Junit单元测试组件可以用来编写单元测试案例。
- Logback日志组件用在输出项目日志的场景中。
- Spring Security安全日志组件用在身份验证和权限验证的场景中。
- Swagger组件用来展示后端项目的API，可以用在调试和问题排查的场景中。
- Redis缓存组件用在缓存热点数据的场景中，用来提升数据访问的性能。

1.4.4　观察前端页面

进入本系统，能看到如图1-10所示的前端页面，其中左侧是用于导航的菜单栏，而主体部分是能实现各种增删改查业务功能的界面，比如在图1-10的员工信息管理界面中，使用者能新增、删除、更改和查询员工信息。

图 1-10　人事管理系统的前端页面

该系统的前端页面是基于Vue框架开发而成的，从中大家能看到如下要素，这些也是前端开发的重要技术要素。

- 页面控件，比如左侧的菜单栏，主体部分的输入框和命令按钮等。
- 导航组件，比如单击了左侧不同的菜单能导航到不同的页面。
- 分页组件，比如这里可以设置一页显示10条数据，在数据多的时候还能通过分页组件跳转到不同的数据页。
- 基于SCSS和CSS的样式效果，比如页面按钮的大小和背景色，均是通过样式文件来设置的。
- 交互组件，比如在登录页面以及这里的员工信息管理页面，在前端操作后，通过交互组件能把数据传递到后端Spring Boot项目，再从后端得到操作结果并填充到页面上。

通过上述方式进入人事管理系统后，大家能通过左侧的菜单进入不同的操作页面，其他页面的效果和如图1-10所示的员工管理模块很相似，大家可以自行观察，这里就不再一一截图了。

1.5 实 践 练 习

一、思考题

（1）什么是全栈开发模式，全栈开发模式有哪些优势？

（2）在全栈开发模式中，前端和后端各有哪些可供选择的技术？

二、操作题

（1）根据本书提示，在你的计算机上安装前后端开发所必需的开发环境。

（2）根据本书提示，在你的计算机上跑通本书所讲的人事管理系统范例。

（3）运行人事管理系统的各业务模块，进一步体会全栈开发模式。

第 **2** 章

Vue.js实例和指令

本章将讲述 Vue.js 的实例和指令等开发前端页面必须掌握的知识点。

通过定义和使用 Vue.js 的实例，程序员能开发出一个个能动态渲染数据的前端页面；而指令则能让程序员在页面状态或数据变更的情况下动态地渲染页面。

此外，程序员能通过引入指令更加高效地通过 Vue.js 实例实现前端代码的动静分离，通过本章的学习，大家能比较直观地了解 Vue.js 前端框架。

2.1　认识Vue.js实例

类和实例的概念源自面向对象思想，其中类是一个抽象的概念，比如人类，而实例则是由类具体化而成的，比如可以通过人类实例化出张三这个具体化的人。

在Vue.js场景中，实例可以理解成由渲染前端页面的类实例化而成的，一个实例一般会包含data数据对象、在各生命周期会被触发的诸多钩子函数和用于封装诸多前端逻辑的方法。

2.1.1　通过范例了解实例

大家可以通过如下步骤开发第一个Vue.js实例。从表现形式来讲，Vue.js实例可以放置在HTML页面的代码中，但是需要通过如下代码指定在该HTML代码中引入Vue支持库。

这里需要创建一个名为HelloWorld.html的空白页面，并在其中编写如下代码。

```
01  <!DOCTYPE html>
02  <html>
03    <head>
04      <meta charset="utf-8">
```

```
05        <meta name="viewport" content="width=device-width,initial-scale=1.0">
06        <title>prj-frontend</title>
07      </head>
08      <body>
09       <div id="app">
10         {{message}}
11       </div>
12          <script src="https://cdn.staticfile.org/vue/2.7.0/vue.min.js">
13 </script><script>
14      new Vue({
15        el: '#app',
16         data: {
17            message: 'Hello World!'
18          }
19      })
20      </script>
21       </body>
22      </html>
```

在上述HTML的<body>部分，是用第9～11行的代码，通过<div>元素绘制的（也叫渲染页面），该div的id是"app"的形式，并且还通过{{message}}，以参数的方式指定了待展示的信息。

随后在第12行的代码中引入了Vue的支持包。在此基础上，通过第9～19行的代码创建了一个Vue.js实例（也可以简称为Vue实例）。

该实例是用new Vue的方式创建的，在该实例的第15行中，通过el元素指定了同HTML页面中id为app的元素关联。在第17行中，通过data元素定义了message参数具体的值。

用浏览器打开该HTML页面，能看到"Hello World!"的输出。需要说明的是，这里是直接用单个HTML文件来演示Vue.js的效果的。而大多数前端Vue项目还会包含路由、页面控件和后台交互等动作，所以后文还会讲到在第1章所创建的prj-frontend脚手架项目中开发前端功能的做法。

2.1.2   在实例中定义和使用方法

和Java实例一样，Vue.js实例不仅可以包含属性，还可以包含方法（也叫函数），比如在上文的HelloWorld.html范例中，包含名为message的属性。在如下的VueMethod.html范例中，演示在Vue实例中定义和使用方法的做法。

```
01 <!DOCTYPE html>
02 <html>
03   <head>
04     <meta charset="utf-8">
05     <meta name="viewport" content="width=device-width,initial-scale=1.0">
06     <title>prj-frontend</title>
07   </head>
08   <body>
09     <div id="app">
```

```
10           {{getVal()}}
11       </div>
12       <script
src="https://cdn.jsdelivr.net/npm/vue@2.5.21/dist/vue.min.js"></script>
13       <script>
14         new Vue({
15          el: '#app',
16          data: {
17               message: ""
18               },
19          methods:{
20               getVal:function(){
21                   return "function demo";
22               }
23          },
24         })
25       </script>
26     </body>
27   </html>
```

这里依然是通过第14行的new Vue代码创建实例的，需要说明的是，在本范例中，依然需要通过第12行和第13行的script代码引入Vue的支持包。

这里的支持包和前文HelloWorld.html范例中的支持包虽然都叫vue.min.js，但它们的路径不同，事实上，运行前文和这里的范例时，HTML解析器都会先下载vue.min.js依赖包，并在此基础上解析Vue代码。

而在本Vue实例中，使用的是第19～23行的代码定义方法，具体来说，需要用methods关键字定义方法，这里定义的方法名是getVal，而在该方法中，通过第21行的代码返回一段话。

本范例在第10行代码中调用了getVal方法，单击该HTML代码能在浏览器中看到"function demo"，从中大家能确认，该方法被成功调用。

2.1.3 Vue.js 实例的生命周期及其钩子函数

Vue实例的生命周期是指从运行时被创建、被调用和被销毁的过程。Vue实例的生命周期从创建到销毁的过程中包含若干阶段和时间节点，而在不同的时间节点，相关的钩子函数会被触发。

表2-1整理了Vue.js生命周期中的重要钩子函数，从中大家不仅能看到这些钩子函数的名字和作用，还能看到这些钩子函数被触发的时间节点。

表 2-1　Vue.js 生命周期中重要钩子函数说明表

钩子函数名	说明和触发时间点
created	在 Vue.js 实例被初始化之后被触发
mounted	Vue.js 实例中定义好的数据被渲染到页面后，该函数被触发
updated	由于 Vue.js 相关数据修改导致页面重新渲染时，该函数被触发

（续表）

钩子函数名	说明和触发时间点
beforeDestroy	Vue.js 实例被销毁前，该函数被触发
destroyed	Vue.js 实例被销毁后，该函数被触发

表2-1列出的只是一些比较重要的钩子函数，而不是所有的，在这些重要的钩子函数中，created和mounted函数用得最多。在开发前端Vue项目时，程序员可以通过定义上述钩子函数，在创建、数据渲染和销毁等时间节点放入代码，从而能更有效地绘制前端页面。

2.2 Vue内置指令

Vue指令可以理解成HTML元素的属性，这些表现为HTML元素属性的指令是以v-前缀开头的，当指令对应的属性值发生改变时，前端页面的显示效果一般也会随之改变。

2.2.1 v-text 和 v-html 指令

v-text指令可以用于更新HTML元素中的文本，通过如下vtextDemo.html范例，大家能看到该指令的用法。

```
01  <!DOCTYPE html>
02  <html>
03    <head>
04      <meta charset="utf-8">
05      <meta name="viewport" content="width=device-width,initial-scale=1.0">
06      <title>prj-frontend</title>
07    </head>
08    <body>
09      <div id="app">
10          <p v-text="hello">hello</p>
11      </div>
12  <script src="https://cdn.staticfile.org/vue/2.7.0/vue.min.js"></script>
13  <script>
14      new Vue({
15        el: '#app',
16          data: {
17            hello:"Hello World!"
18          }
19  })
20  </script>
21    </body>
22  </html>
```

本范例在第10行的<p>元素中用到了v-text指令，这里<p>元素中包含的值是hello。不过在

Vue实例的第17行中，把该v-text的值变更成"Hello World!"，所以如果运行本范例，在浏览器中看到的是"Hello World!"，而不是"hello"。

从中大家可以直观地看到指令的表现形式，一方面，指令以属性的形式作用在HTML的元素上，比如这里作用在<p>元素上，另一方面，在Vue实例等场景，能通过修改指令值动态地绘制HTML页面，比如这里是动态变更页面上的值。

而v-html指令和v-text指令非常相似，只不过v-html指令用来更新HTML格式的文本。通过下文的vhtmlDemo.html范例，大家能看到该指令的用法。

```
01  <!DOCTYPE html>
02  <html>
03   <head>
04    <meta charset="utf-8">
05    <meta name="viewport" content="width=device-width,initial-scale=1.0">
06    <title>prj-frontend</title>
07   </head>
08   <body>
09    <div id="app">
10       <p v-html="web"></p>
11    </div>
12  <script src="https://cdn.staticfile.org/vue/2.7.0/vue.min.js"></script>
13  <script>
14    new Vue({
15     el: '#app',
16      data: {
17         web:'<a href="http://www.tup.tsinghua.edu.cn/index.html">清华大学出版社</a>'
18      }
19  })
20  </script>
21   </body>
22  </html>
```

上述范例在第10行用到了v-html指令，而在Vue实例的第17行定义了v-html指令所对应的值，这里是基于HTML文本格式的<a>标签，运行本范例，大家能在浏览器中看到一个指向清华大学出版社网址的<a>超链标签。

从上述两个范例中可以看到，v-html和v-text标签都可以用来替换页面中的文本，只不过v-text标签可以用来替换一般文本，而v-html标签可以用来替换HTML格式的文本。

2.2.2 v-show 指令

v-show指令可以用来设置页面元素是否该被展示，通过如下的vshowDemo.html范例，大家可以掌握该指令的用法。

```
01
02  <!DOCTYPE html>
```

```
03  <html>
04    <head>
05     <meta charset="utf-8">
06     <meta name="viewport" content="width=device-width,initial-scale=1.0">
07     <title>prj-frontend</title>
08    </head>
09    <body>
10     <div id="app">
11        <p v-show="display">展示</p>
12        <p v-show="notdisplay">不展示</p>
13        <p v-show="val>10">根据取值展示</p>
14     </div>
15  <script src="https://cdn.staticfile.org/vue/2.7.0/vue.min.js"></script>
16  <script>
17     new Vue({
18      el: '#app',
19       data: {
20          display:true,
21          notdisplay:false,
22          val:8
23       }
24  })
25  </script>
26    </body>
27  </html>
```

上述范例在第11～13行代码中用到了v-show指令，其中v-show指令对应的值分别是display、notdisplay和val，这三个值分别定义在Vue实例的第20～22行的代码中。

由于display的值是true，因此对应的\<p\>元素会展示，而notdisplay的值是false，因此对应的\<p\>元素不展示，而由于val的值是8，不满足val>10这个条件，因此对应的\<p\>元素也不展示。

从中可以看到，如果v-show指令对应的值是true，那么该指令所修饰的HTML元素就会展示，反之就不展示，所以在前端项目中，一般会通过该指令实现页面元素动态显示或隐藏的效果。

2.2.3 v-bind 指令

v-bind指令通常用来绑定HTML元素的属性及其对应的值，在实际项目中，经常通过该指令实现动态设置属性值的做法。通过如下的vbindDemo.html范例，大家能看到该指令的用法。

```
01  <!DOCTYPE html>
02  <html>
03    <head>
04     <meta charset="utf-8">
05     <meta name="viewport" content="width=device-width,initial-scale=1.0">
06     <title>prj-frontend</title>
07    </head>
08    <body>
```

```
09      <div id="app">
10          <a v-bind:href="website">清华大学出版社</a>
11          <br/>
12          <a :href="website">清华大学出版社</a>
13      </div>
14  <script src="https://cdn.staticfile.org/vue/2.7.0/vue.min.js"></script>
15  <script>
16      new Vue({
17        el: '#app',
18         data: {
19            website:"http://www.tup.tsinghua.edu.cn/index.html"
20         }
21  })
22  </script>
23    </body>
24  </html>
```

在上述范例的第10～12行代码中，大家能看到 v-bind的用法，这里是把<a>标签的href值与第19行的website值绑定。在使用v-bind指令绑定属性值时，还可以采用第12行略写的写法，即略去v-bind，只写冒号，但效果和第10行的代码一致。

本范例运行后，大家能在浏览器中看到两行指向清华大学出版社官网的超链接。在实际项目中，程序员还可以通过v-bind指令动态绑定html元素的class或css值，从而能够动态设置页面效果。

2.2.4　v-model 指令

v-model指令可以实现双向绑定，即能绑定view层控件和model层的业务结果。而且这种绑定是双向关系的，通过该指令，一方面能把view层控件中的值传递到后台业务层，另一方面能把业务层中的数据传递到前端控件。如下的vmodelDemo.html范例演示了这种双向绑定的效果。

```
01  <!DOCTYPE html>
02  <html>
03    <head>
04      <meta charset="utf-8">
05      <meta name="viewport" content="width=device-width,initial-scale=1.0">
06      <title>prj-frontend</title>
07    </head>
08    <body>
09      <div id="app">
10          <input v-model="val"/>
11          <p>输入的内容是: {{val}}</p>
12      </div>
13  <script src="https://cdn.staticfile.org/vue/2.7.0/vue.min.js"></script>
14  <script>
15      new Vue({
16        el: '#app',
17         data: {
```

```
18            val:'default'
19        }
20    })
21    </script>
22      </body>
23    </html>
```

该范例在第10行用到了v-model指令，该指令对应的值是val，而在Vue实例的第18行定义了val的值是default，这里其实是把输入框中的值和Vue实例中的值绑定到一起，运行该HTML范例，大家能看到如图2-1所示的效果。

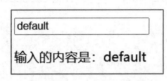

图 2-1　v-model 指令效果图

其中输入框控件中的值和下文展示的文字是一致的，如果改变输入框中的值，不仅会影响下文展示的文字，还能通过Vue实例中的变量影响后台业务数据。事实上，在大多数前端项目中，就是通过此类用法用v-model指令实现前后端数据的相互绑定的。

2.2.5　v-once 和 v-pre 指令

这两个指令都和页面渲染的方式有关，其中用v-once指令修饰的页面元素只会渲染一次，之后哪怕对应的值变了，页面元素也不会重新渲染。

比如在如下vonceDemo.html范例中，第11行的<p>元素是被v-once修饰的，这里虽然在第10行的代码中用v-model指令绑定了val值，但即使修改了输入框中的值，第11行<p>标签中的值依然不会变更。这里大家通过对比第11行和第12行的代码，观察一下v-once指令的效果。

```
01    <!DOCTYPE html>
02    <html>
03      <head>
04        <meta charset="utf-8">
05        <meta name="viewport" content="width=device-width,initial-scale=1.0">
06        <title>prj-frontend</title>
07      </head>
08      <body>
09        <div id="app">
10            <input v-model="val"/>
11            <p v-once>这个值不会变: {{val}}</p>
12            <p>输入的内容是: {{val}}</p>
13        </div>
14    <script src="https://cdn.staticfile.org/vue/2.7.0/vue.min.js"></script>
15    <script>
16      new Vue({
17        el: '#app',
18          data: {
```

```
19          val:'default'
20        }
21 })
22 </script>
23   </body>
24 </html>
```

而v-pre指令则用来说明所修饰的元素不需要编译，直接展示原始的值。

比如在如下vpreDemo.html范例中，第10行的\<p\>元素被v-pre指令修饰，虽然下文在第17行中通过Vue实例给message变量赋了值，但本范例运行后，第10行的\<p\>元素展示的值依然是{{message}}，而不是'Hello World!'。

```
01 <!DOCTYPE html>
02 <html>
03   <head>
04     <meta charset="utf-8">
05     <meta name="viewport" content="width=device-width,initial-scale=1.0">
06     <title>prj-frontend</title>
07   </head>
08   <body>
09     <div id="app">
10       <p v-pre>{{message}}</p>
11     </div>
12 <script src="https://cdn.staticfile.org/vue/2.7.0/vue.min.js"></script>
13 <script>
14    new Vue({
15      el: '#app',
16       data: {
17         message: 'Hello World!'
18       }
19 })
20 </script>
21   </body>
22 </html>
```

2.2.6　条件渲染指令

和条件渲染相关的指令有v-if、v-else-if和v-else指令。其中v-if指令和v-show指令的效果很相似，都能根据表达式的值动态决定是否要渲染元素，通过如下vifDemo.html范例，大家能看到该指令相关的用法。

```
01 <!DOCTYPE html>
02 <html>
03   <head>
04     <meta charset="utf-8">
05     <meta name="viewport" content="width=device-width,initial-scale=1.0">
06     <title>prj-frontend</title>
07   </head>
08   <body>
```

```
09      <div id="app">
10        <p v-if="display">展示</p>
11        <p v-if="notdisplay">不展示</p>
12        <p v-if="val>10">根据取值展示</p>
13      </div>
14  <script src="https://cdn.staticfile.org/vue/2.7.0/vue.min.js"></script>
15  <script>
16     new Vue({
17       el: '#app',
18       data: {
19          display:true,
20          notdisplay:false,
21          val:18
22       }
23  })
24  </script>
25    </body>
26  </html>
```

上述范例中的代码和之前的vshowDemo.html很相似,只不过这里在第10~12行的代码中,用v-if指令替换了v-show指令,替换后,v-if指令会根据具体对应的值来决定是否要渲染。

比如第10行v-if对应的display取值是true,所以这一行对应的文字会展示,第11行对应的notdisplay值是false,所以这行文字不展示,而在第12行中,由于val的值是18,val>10的布尔值是true,因此这行文字会展示。

此外在前端项目中,还可以通过v-else-if和v-else指令来实现条件渲染的效果,在如下的velse.html范例中,大家能看到这些指令的用法。

```
01  <!DOCTYPE html>
02  <html>
03    <head>
04      <meta charset="utf-8">
05      <meta name="viewport" content="width=device-width,initial-scale=1.0">
06      <title>prj-frontend</title>
07    </head>
08    <body>
09      <div id="app">
10        <p v-if="score<60">不及格</p>
11        <p v-else-if="score<80">良好</p>
12        <p v-else>优秀</p>
13      </div>
14  <script src="https://cdn.staticfile.org/vue/2.7.0/vue.min.js"></script>
15  <script>
16     new Vue({
17       el: '#app',
18       data: {
19          score:55
20       }
21  })
22  </script>
```

```
23      </body>
24    </html>
```

上述范例在第10~12行代码中，通过v-if、v-else-if和v-else指令实现了条件渲染的效果。

这里会根据score的取值具体决定该展示哪个文字，比如第19行定义的score变量是55，所以本范例运行后，会展示"不及格"的文字。如果把第19行score的值修改成85，那么就能看到"优秀"的字样。

2.2.7　循环渲染指令

在前端页面中，通常需要以循环的方式展示后端返回的所有业务数据，此时就可以使用循环指令v-for，通过如下vforDemo.html范例，大家能看到使用该指令循环展示数据的做法。

```
01  <!DOCTYPE html>
02  <html>
03    <head>
04      <meta charset="utf-8">
05      <meta name="viewport" content="width=device-width,initial-scale=1.0">
06      <title>prj-frontend</title>
07    </head>
08    <body>
09      <div id="app">
10          <div v-for="person in empList">
11             <p>{{person}}</p>
12          </div>
13      </div>
14  <script src="https://cdn.staticfile.org/vue/2.7.0/vue.min.js"></script>
15  <script>
16      new Vue({
17        el: '#app',
18        data() {
19          return {
20            empList:[
21                         {name:'Peter',salary:'15000'},
22                         {name:'Mike',salary:'16000'}
23                     ]
24          }
25        }
26  })
27  </script>
28    </body>
29  </html>
```

上述范例在第10行和第11行用v-for指令展示了empList对象中的所有数据，其中empList是包含待展示数据的对象，而person是将要被循环展示的元素别名。

这里empList的名字必须和包含数据的对象名一致，比如这里包含数据的empList定义在第20行，而在第10行展示empList对象中的数据。person是别名，这里可以随便取，但展示数据时需要用到该别名，比如这里是在第11行，person这个别名用来展示数据。

该范例运行后，大家能在浏览器中看到如下两条数据，这些数据是在Vue实例的data方法中定义的，通过v-for指令以循环方式展示出来。

```
01  { "name": "Peter", "salary": "15000" }
02  { "name": "Mike", "salary": "16000" }
```

2.3　自定义指令

在Vue前端项目中，除通过内置指令外，还能通过自定义指令来扩展功能。开发自定义指令的步骤包括注册自定义指令和编写钩子函数，在这部分将讲述自定义指令相关的实战技巧。

2.3.1　钩子函数

和Vue实例一样，Vue的自定义指令也拥有其自身的钩子函数，这些钩子函数会在自定义指令被使用时的各时间点触发，表2-2整理了自定义指令相关的钩子函数。

表 2-2　自定义指令相关的钩子函数说明表

钩子函数名	说明和触发时间点
bind	该自定义指令被绑定到前端元素时会触发 bind 函数
update	该自定义指令对应的元素更新时会触发 update 函数
inserted	该指令对应的元素被插入父节点时会触发 inserted 函数
componentUpdated	该指令所对应的元素完成一次更新后被触发
unbind	该指令与元素解绑时被触发

事实上，在前端使用自定义指令时，可以配合编写自定义指令和Vue元素的钩子函数，以实现各种动态渲染的效果。

2.3.2　开发自定义指令

通过如下的defineDemo.html范例，大家能看到自定义指令的开发步骤。

```
01  <!DOCTYPE html>
02  <html>
03    <head>
04     <meta charset="utf-8">
05     <meta name="viewport" content="width=device-width,initial-scale=1.0">
06     <title>prj-frontend</title>
07    </head>
08    <body>
09     <div id="app">
10       <span v-fill></span>
```

```
11       </div>
12 <script src="https://unpkg.com/vue@next"></script>
13 <script>
14 const app = Vue.createApp({})
15 // 注册自定义指令
16 app.directive('fill', {
17    mounted(el) {
18      el.innerText = "填充元素";
19    }
20 })
21 app.mount('#app')
22 </script>
23   </body>
24 </html>
```

这里第10行修饰span元素的指令是v-fill，该指令不是Vue内置指令，而是自定义的。

为了使用该指令，首先需要像第16行代码那样，通过directive方法注册自定义指令，在注册时，第一个参数是指令的名字，这里需要去掉v-前缀，而第二个参数则用来定义该指令的动作。

这里通过mounted方法实现，指定通过该指令，该指令会在对应的span元素中填充文字。该范例运行后，能在浏览器中展示"填充元素"的文字，从中大家能看到自定义指令的用法。

2.3.3　以动态方式传入参数

在开发Vue的自定义指令时，还可以通过动态传参的方式更加灵活地渲染页面。通过如下的defineParams.htm范例，大家能看到在自定义指令中定义参数和传递参数的做法。

```
01 <!DOCTYPE html>
02 <html>
03   <head>
04     <meta charset="utf-8">
05     <title>prj-frontend</title>
06   </head>
07   <body>
08     <div id="app">
09        <p v-color:[errorlogcolor]>log content</p>
10     </div>
11 <script src="https://unpkg.com/vue@next"></script>
12 <script>
13    const app = Vue.createApp({
14       data() {
15          return {
16             errorlogcolor:'red'
17          }
18       }
19    })
20    // 注册自定义指令
```

```
21        app.directive('color', {
22          beforeMount(el, binding) {
23              el.style.color = binding.arg;
24            }
25         })
26     app.mount('#app')
27 </script>
28   </body>
29 </html>
```

本范例在第9行中引入了v-color这个自定义指令，在第21行中定义并实现了该指令，通过第23行的代码大家能看到，引入该指令的目的是设置HTML元素的颜色。

在第9行使用自定义指令时，通过":[errorlogcolor]"的方式使用了动态参数，该参数的定义是在第16行。结合自定义指令和动态参数，这里实现的效果是把<p>元素中的文字设置成红色。运行本范例，大家能看到如图2-2所示的效果。

log content

图 2-2　自定义指令整合动态参数范例的运行效果图

2.4　实　践　练　习

（1）运行本章的所有范例，了解Vue实例和指令的相关实践技巧。

（2）仿照2.2.1节的范例，通过v-text指令在浏览器中展示"我在学习Vue"的字样。

（3）仿照2.3.2节的范例，自定义一个名为v-addContent的指令，在浏览器中展示"我在学习自定义指令"的字样。

第 3 章

在Vue.js框架中引入 element-ui组件

element-ui 是一套封装诸多前端元素的组件库，在其中封装了诸如输入框和表格等前端界面组件，程序员通过使用这套组件库中的各种前端组件，不仅能高效地实现各种前端页面效果，还能高效地实现各种前端样式和布局。

本章首先讲述在 Vue.js 框架项目中引入 element-ui 组件的方式，随后会用各种范例讲述通过该组件库在前端绘制文本框等界面元素的做法，最后讲述 element-ui 组件整合 SCSS 代码实现各种前端效果的做法。

3.1 在Vue.js项目中引入element-ui

在前端项目中，可以通过直接使用HTML5的元素来渲染页面，比如可以用<input>元素实现文本框的效果，也可以使用element-ui等组件库中的组件。

element-ui组件库是基于Vue.js框架的，在其中很好地封装前端HTML各界面元素的底层实现，所以能通过使用该组件库简单、高效地绘制出各种前端界面元素。

3.1.1 在 package.json 中引入依赖包

在本书所给出的人事管理系统的前端项目prj-frontend中用到了element-ui组件库来绘制前端效果。为了使用这套组件，需要在该Vue.js前端项目的package.json文件中引入该组件库，具体代码如下：

```
01    "dependencies": {
02     "element-ui": "^2.15.6",
03     引入其他前端组件的代码
04    }
```

在此基础上，进入前端prj-frontend项目的目录中运行npm install命令，该前端项目就能根据在上述package.json文件的dependencies元素中的定义安装element-ui指定版本的依赖包。

这里顺带讲一下，前端Vue.js项目一般会在上述dependencies元素中定义其他需要用到的组件包，比如vue-router或axios等。在完成相关配置的前提下，在运行npm install命令之后，这些组件包就会被自动添加到前端项目中。

3.1.2 element-ui 常用组件介绍

element-ui组件是以el-开头的，从应用角度来看，一般可以分为布局容器类组件、菜单导航类组件和页面效果类组件。

常用的布局容器类组件如表3-1所示，程序员可以通过此类组件，外带整合Vue.js中的<template>组件，有效地实现前端页面的布局效果。

表 3-1 element-ui 页面布局类组件说明表

组 件 名	用 途
<el‐container>	页面容器类组件，在其中可以包含<el-header>或<el‐footer>等组件
<el-header>	可以用来定义页头的组件
<el‐footer>	可以用来定义页脚的组件
<el‐main>	在其中可以放置页面主要区域的代码

常用的菜单导航类组件如表3-2所示，程序员可以通过此类组件有效地实现绘制菜单，并实现页面跳转的效果。

表 3-2 element-ui 页面菜单类组件说明表

组 件 名	用 途
<el-menu>	可以用来定义菜单
<el-submenu>	可以用来定义子菜单
<el-menu-item-group>	可以用来定义菜单组
<el-menu-item>	可以用来定义菜单项，即菜单中的文字

表3-3列出了一些常用的页面组件，程序员可以通过此类组件绘制诸如命令表单、表格、命名按钮或文本输入框等前端效果。

表 3-3 element-ui 页面效果类组件说明表

组 件 名	用 途
<el-table>	可以用来绘制表格
<el-form>	可以用来定义页面中的表单

（续表）

组 件 名	用 途
\<el-button\>	可以用来定义按钮效果
\<el-input\>	可以用来定义文本按钮输入框效果

在后面通过案例讲述前端页面的开发要点时，会详细讲述相关前端element-ui组件的用途和用法，以及通过整合SCSS样式文件绘制各种样式的实践要点。

3.2　首页中用到的element-ui布局类组件

本节通过讲述人事管理系统的前端首页代码，讲述element-ui页面布局类组件的基本用法。从中大家不仅能看到各种常用组件的用法，还能掌握element-ui组件整合HTML页面元素以及SCSS样式代码绘制前端页面效果的实战要点。

3.2.1　el-row 和 el-col 表格组件

通过登录进入主页面后，单击左侧菜单栏的"回到首页"菜单项，能进入如图3-1所示的首页，从中大家能看到，在首页中，通过表格的方式展示了"项目说明"和"本项目所包含的技术"等部分的文字。

图 3-1　首页效果图

在前端项目中，通过src/views/index.vue文件来实现首页效果，从中通过\<template\>、\<el-row\>、\<el-col\>和其他HTML前端元素以表格行列的方式来布局前端效果，具体代码如下：

```
01  <template>
02    <div class="app-container home">
03      <el-row>
04        <el-col>
```

```
05            绘制清华大学出版社网址的超链接
06        </el-col>
07      </el-row>
08      <el-row>
09        <el-col :lg="12" style="padding-left: 20px">
10            绘制项目说明部分的页面效果代码
11        </el-col>
12        <el-col :lg="12" style="padding-left: 50px">
13            绘制项目所用技术的效果代码
14        </el-col>
15      </el-row>
16    </div>
17  </template>
```

首先请注意，整合element-ui元素的Vue前端页面文件的扩展名是.vue，在其中一般把<template>模板元素写在最外层，而把定义当前页面的代码放在<template>元素内部。

从效果来看，首页的文字其实是以两行的形式来展示的，其中通过第3～7行的<el-row>元素来展示第一行的清华大学出版社超链接，通过第8～15行的代码，展示第二行的文字。

而在第二行中，还用到了两个<el-col>元素，以两列的方式展示了"项目说明"和"项目所用技术"的文字。在定义<el-row>和<el-col>等元素时，不仅能用:lg的方式定义该元素的属性，比如这里用lg来设置列的宽度，而且还能用style的方式引入SCSS等样式效果。

上文第10行绘制"项目说明"部分的具体代码如下，这里在描述第一行的<el-row>元素时，通过<el-col>元素来设置布局样式，其中通过<h2>和<p>等HTML元素来绘制文字。

```
01      <el-col :lg="12" style="padding-left: 20px">
02          <h2>项目说明</h2>
03          <p>
04            该项目以人事管理系统为例，...
05            <br/>
06            <br/>
07            通过本项目高效上手前后端开发技术的建议方法是，...
08          </p>
09      </el-col>
```

在第1行使用<el-col>元素时，使用:lg属性设置该el-col列的宽度，还使用style属性设置该列元素的样式。

上文第13行绘制"项目所用技术"部分的代码如下，其中通过第1～5行和第6～21行的两个<el-row>元素绘制两行文字，而在第2行中，又通过第7～13行以及第14～20行的两个<el-col>元素，以两列的形式列举了前端和后端的主要技术。

```
01  <el-row>
02      <el-col :span="10">
03          <h2>本项目所包含的技术</h2>
04      </el-col>
05  </el-row>
06  <el-row>
```

```
07        <el-col :span="10">
08            <h4>后端主要技术</h4>
09            <ul>
10                <li>SpringBoot</li>
11                ...其他技术
12            </ul>
13        </el-col>
14        <el-col :span="10">
15            <h4>前端主要技术</h4>
16            <ul>
17                <li>Vue</li>
18                ...其他技术
19            </ul>
20        </el-col>
21    </el-row>
```

从index.vue前端页面的代码中能看到，使用element-ui的<el-row>和<el-col>组件，外带Vue.js的<template>组件，能有效地用行列效果合理地布局页面的样式，在此基础上，程序员还可以在页面中引入<div>和其他HTML元素，绘制各种前端页面效果。

3.2.2 el-link 超链接组件

在首页还用到了<el-link>组件绘制指向清华大学出版社网址的超链接效果，相关代码如下，其中在第4～8行的代码中用到了<el-link>超链接组件。

```
01    <blockquote style="font-size: 14px">
02    清华大学出版社网址
03    <br/>
04    <el-link
05      href="http://www.tup.tsinghua.edu.cn/index.html"
06      type="primary"
07      target="_blank"
08      >http://www.tup.tsinghua.edu.cn/index.html</el-link>
09    </blockquote>
```

具体地，在第5～7行的代码中设置了超链接的属性，比如用href属性设置超链接网址，用type属性设置超链接的样式，用target属性设置超链接的打开方式。

相比于HTML的<a>超链接元素，<el-link>组件在内部封装了大量样式代码，所以程序员能高效地通过type等属性绘制各种超链接效果，这也是前端element-ui等页面组件得到广泛使用的原因。

3.2.3 element-ui 组件整合 HTML 与 SCSS

从首页的index.vue代码中可以看到，在前端页面的代码中，一般是综合使用element-ui组件和HTML元素来绘制前端效果的，相关的整合方式一般如下：

（1）使用<div>元素设置整个代码块的样式，比如在index.vue首页代码中使用<div class="app-container home">代码设置整个页面的样式。

（2）在<el-row>和<el-col>等布局组件中引入<p>等HTML元素。

此外，element-ui组件和HTML页面元素一般还需要引入SCSS样式代码来设置对齐或间距等效果。SCSS其实是个样式处理器，它能在编译前端代码时把相关的样式代码转换成CSS代码，所以在Vue.js+element-ui等前端框架中会更多地使用SCSS样式代码。

从上文可以看到，一般能使用如下方式在页面元素中整合SCSS样式代码。

（1）直接用style的方式，比如<el-col :lg="12" style="padding-left: 20px">，这里是直接把SCSS样式代码写在style的引号中，用来定义左填充的间距。

（2）用class的方式，比如<div class="app-container home">，这里是通过class的值具体定位到SCSS代码，以此引入各种样式。

虽然在开发前端页面时会使用SCSS等样式方面的技术，但开发项目时会有人专门设计界面效果，所以程序员可以了解必要的样式代码，但没必要记住这方面的所有细节。

在不少前端项目中，一般是在设计人员设计好页面效果并定好样式的基础上，直接引入相关的样式代码以实现各种页面效果。

3.3　登录页面用到的element-ui组件

在首页，大家看到的element-ui组件更多的是布局类的，而在登录页面，大家能看到比较常用的页面组件，比如文本框、按钮、选择框和表单类的element-ui组件。

3.3.1　el-form 和 el-form-item 表单类组件

在登录等页面，需要用表单的方式提交数据，对应地，可以用element-ui的<el-form>组件实现表单的效果，相关代码如下：

```
01  <el-form ref="loginForm" :model="loginForm" class="loginForm">
02      <h2 class="loginTitle">人事后台管理系统</h2>
03      <el-form-item prop="username">
04          用户名输入框部分的代码
05      </el-form-item>
06      <el-form-item prop="password">
07          密码输入框部分的代码
08      </el-form-item>
09      <el-form-item prop="code">
10          验证码输入框部分的代码
11      </el-form-item>
12      <el-form-item style="width:100%;">
```

```
13              登录按钮
14        </el-form-item>
15    </el-form>
```

在第1行的<el-form>中，通过:model定义了该表单的数据，用class属性定义了该表单的样式。

在该表单中，还用到了如第3行所示的<el-form-item>组件，定义表单中的用户名输入框和登录按钮等表单，这样当该表单被提交时，该表单中的用户名和密码就能被整体传递到后端。该表单的效果如图3-2所示。

事实上，填充数据后单击"登录"按钮，能触发表单的提交动作，这样用户就能在输入正确登录信息的前提下进入本系统的主页面。

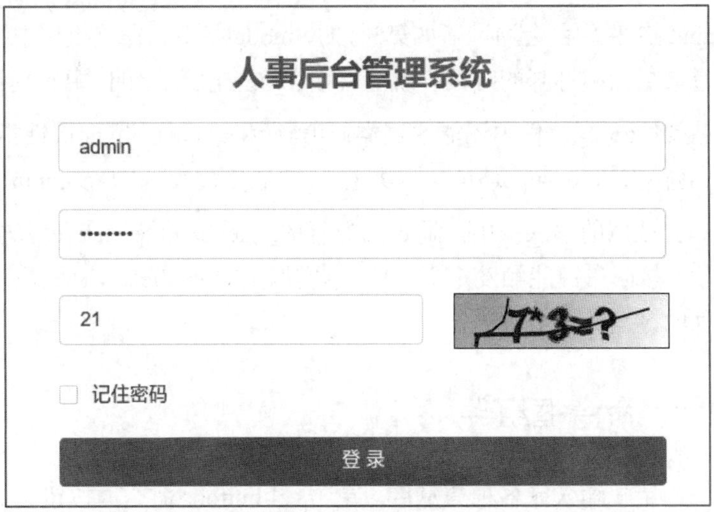

图 3-2　登录表单效果图

3.3.2　el-input 输入框组件

在登录页面，是用<el-input>输入框组件来接收用户名、密码和验证码的输入的，相关代码如下：

```
01    <el-form-item prop="username">
02      <el-input
03        v-model="loginForm.username"
04        type="text"  auto-complete="off"
05        placeholder="账号">
06      </el-input>
07    </el-form-item>
08    <el-form-item prop="password">
09      <el-input
10        v-model="loginForm.password"
11        type="password"  auto-complete="off"
12        placeholder="密码"
```

```
13                @keyup.enter.native="handleLogin">
14        </el-input>
15      </el-form-item>
16      <el-form-item prop="code">
17        <el-input
18          v-model="loginForm.code"
19          auto-complete="off"
20          placeholder="验证码" style="width: 60%"
21          @keyup.enter.native="handleLogin">
22        </el-input>
23      </el-form-item>
```

从中可以看到，这些输入框组件<el-input>都包含在<el-form-item>组件内，因为这些输入框中的内容需要作为form表单项提交到后台。

在这些<el-input>组件中，会通过诸如第3行的v-model指令，在该组件中绑定Vue.js实例中的值，这样在该登录页面被打开的时候，就能直接在这些输入框组件中看到初始化的值。

此外，在这些<el-input>组件中还能通过类似第4行和第11行的type属性指定该输入框的类型，比如接收用户名输入的<el-input>是文本类型，而接收密码输入的<el-input>则是密码类型。

在接收密码和验证码的输入框中，通过第21行的@keyup.enter.native代码设置了当焦点在这些输入框的时候，按回车键能触发定义在Vue.js实例中的handleLogin方法，这就相当于定义了这些输入框组件的键盘处理函数。

3.3.3　el-button 命令框组件

在登录页面，当用户输入完各种信息后，单击<el-button>命令框按钮会调用相关的Vue.js实例方法进行登录验证的动作，相关代码如下：

```
01  <el-form-item style="width:100%;">
02    <el-button
03        :loading="loading" type="primary"
04        style="width:100%;"
05        @click.native.prevent="handleLogin">
06      <span v-if="!loading">登 录</span>
07      <span v-else>登 录 中...</span>
08    </el-button>
09  </el-form-item>
```

该命令框组件同样写在</el-form-item>内，因为该命令框也是属于form一部分。在第5行代码中，通过@click.native.prevent指令设置了单击该按钮能触发handleLogin方法，此外，这里还在第6行和第7行的代码中，通过v-if和v-else指令动态设置了该命令框的展示文字。

在该命令框的第3行代码中，通过type属性设置了命令框的样式，这里的primary值及其具体的展示样式代码其实是封装在element-ui库的底层代码中的。而在第4行的代码中，则是直接通过style样式属性设置了该命令行的宽度。

3.3.4　el-checkbox 选择框组件

在登录页面中还用到了选择框组件，对应的代码相对比较简单。

```
01  <el-checkbox v-model="loginForm.rememberMe"
02        style="margin:0px 0px 20px 0px;">
03     记住密码
04  </el-checkbox>
```

这里使用element-ui的<el-checkbox>来绘制选择框，其中通过v-model指令绑定该选择框的值，具体是，如果是true，则勾选，否则不勾选。在该选择框中，通过第2行的style属性来具体定义样式效果，这里通过margin来定义4个方向的间距。

3.3.5　前端代码整合 Vue.js 代码

在登录页面，包含element-ui组件的前端代码还通过整合Vue.js代码实现了前后端数据的交互，具体体现在如下三个方面。

第一，在Vue.j实例的data方法中定义了包含登录表单信息的数据结构loginForm，并在其中设置了若干初始化的值，相关代码如下。当用户登录时，其实是通过该数据结构向Spring Boot后端项目发送请求。

```
01  data() {
02    return {
03      loginForm: {
04        username: "admin",
05        password: "admin123",
06        rememberMe: false,
07        code: "",
08        uuid: ""
09      },
10      省略其他代码
11  }
```

第二，在Vue.js中定义created等钩子函数，这样在页面加载等场景中能触发这些钩子函数以实现特定的功能，比如created钩子函数如下，在其中实现获取验证码图片和cookie信息等功能。

```
01  created() {
02    this.getCode();
03    this.getCookie();
04  },
```

此外，在Vue.js实例中还实现了用于监控页面状态的watch函数，相关代码和功能后文再讲解。

第三，也是最为关键的，在handleLogin方法中实现了登录的业务逻辑。

```
01    handleLogin() {
02      this.$refs.loginForm.validate(valid => {
03        if (valid) {
04          this.loading = true;
05          if (this.loginForm.rememberMe) {
06            Cookies.set("username", this.loginForm.username, { expires: 10 });
07            Cookies.set("password", this.loginForm.password, { expires: 10 });
08            Cookies.set('rememberMe', this.loginForm.rememberMe, { expires:
10 });
09          } else {
10            Cookies.remove("username");
11            Cookies.remove("password");
12            Cookies.remove('rememberMe');
13          }
14          this.$store.dispatch("Login", this.loginForm).then(() =>
{ this.$router.push({ path: this.redirect || "/" }).catch(()=>{});
15          }).catch(() => {
16            this.loading = false;
17            this.getCode();
18          });
19        }
20      });
21    }
```

在该方法中，使用第2行的validate方法实现了身份验证，如果使用第3行的if语句判断通过验证，则通过第14行的dispatch语句跳转到后台管理的主页面。

事实上，前端页面通过整合HTML、element-ui组件和Vue.js实例代码，能很好地实现"动静分离"，即通过页面组件渲染前端效果，通过Vue.js中的方法有效地实现前端与前端、前端与后端之间的数据交互。

本章重点讲述通过element-ui组件渲染前端效果，而数据相互相关的知识点将在后续的章节陆续讲述。

3.4 业务页面用到的element-ui组件

本系统的业务页面用来实现人员信息和部门信息等的管理，这些业务页面的样式非常相似，这里使用部门管理模块的前端页面来讲解业务页面用到的element-ui组件。

3.4.1 el-table 表格组件

在首页单独用到了<el-row>和<el-col>组件来绘制表格的效果，不过在前端页面中还可以用<el-table>整合<el-table-column>组件的方式来绘制表格类型的数据。比如在前端的

src/views/system/dept_info/index.vue部门管理页面中，通过如下代码绘制表格：

```
01  <el-table :data="dept_infoList" >
02    <el-table-column type="selection" width="60" align="center" />
03    <el-table-column label="部门编号" align="center" prop="id" />
04    <el-table-column label="部门名" align="center" prop="name" />
05    <el-table-column label="部门经理" align="center" prop="manager" />
06    <el-table-column label="汇报对象" align="center" prop="reportto" />
07    <el-table-column label="操作" align="center">/el-table-column>
08  </el-table>
```

其中在第1行，使用:data指令把数据导入<el-table>定义的表格中，而在第2～7行的代码中，使用<el-table-column>元素定义了表格头的展示文字，相关效果如图3-3所示。

图3-3　以表格方式展示部门管理数据的效果图

3.4.2　el-form 表单组件

在部门管理页面的前端代码中，使用<el-form>表单组件来实现搜索功能，相关代码如下：

```
01  <el-form :model="queryParams" ref="queryForm" :inline="true"
v-show="showSearch" label-width="70px">
02    <el-form-item label="部门名" prop="name">
03      <el-input
04        v-model="queryParams.name"
05        placeholder="请输入部门名"
06        @keyup.enter.native="handleQuery"  />
07    </el-form-item>
08    <el-form-item label="部门经理" prop="manager">
09      <el-input
10        v-model="queryParams.manager"
11        placeholder="请输入部门经理"
12        @keyup.enter.native="handleQuery"  />
13    </el-form-item>
14      <el-form-item label="汇报对象" prop="reportto">
15      <el-input
16        v-model="queryParams.reportto"
17        placeholder="请输入汇报对象"
18        @keyup.enter.native="handleQuery"  />
19    </el-form-item>
20    <el-form-item>
```

```
21              <el-button type="primary" icon="el-icon-search" @click="handleQuery">
搜索</el-button>
22              <el-button icon="el-icon-refresh" @click="resetQuery">重置
</el-button>
23          </el-form-item>
24      </el-form>
```

在第1行定义<el-form>的代码中，通过v-show指令决定是否要展示该模块，如果把v-show的值修改成false，那么该搜索模块就不会再展示。同时在第1行的代码中，还通过model指令设置了搜索模块各部分的值，在此基础上，可以进一步通过第4行的v-model="queryParams.name"设置"部门名"的展示内容。

之后在第2～19行的代码中，通过诸多</el-form-item>组件设置了该模块的各搜索关键字，在这些</el-form-item>组件中，均通过v-model设置了对应待展示的值，均通过placeholder设置了待展示的文字，均通过@keyup.enter.native设置了键盘动作。

而在之后的第20～23行的<el-form>组件中，用<el-button>定义了搜索和重置这两个按钮，在定义这两个按钮时，分别通过@click属性指定了这两个按钮对应的单击事件函数。

3.4.3 <el-button>命令框组件

在部门管理页面的前端代码中，用<el-button>组件绘制了"新增""修改""删除"这三个命令框，相关代码如下：

```
01  <el-row >
02    <el-button
03      type="primary"
04      plain  icon="el-icon-plus"
05      @click="handleAdd">
06      新增
07    </el-button>
08    <el-button
09      type="success"
10      plain icon="el-icon-edit"
11      :disabled="single"
12      @click="handleUpdate">
13        修改
14    </el-button>
15    <el-button
16        type="danger"
17        plain  icon="el-icon-delete"
18        :disabled="multiple"
19        @click="handleDelete">
20        删除
21    </el-button>
22  </el-row>
```

这三个按钮是被<el-row>组件所修饰的，这样就能把这三个按钮展示在同一行中。在定义这三个按钮时，均通过@click来定义按钮的事件单击函数，均通过type定义按钮的样式。此外，还通过第11行和第18行的disabled属性，根据实际情况定义该按钮是否处于可用状态。

3.4.4 <el-dialog>对话框组件

当单击部门管理页面的"新增"或"修改"按钮后，能看到如图3-4所示的对话框。

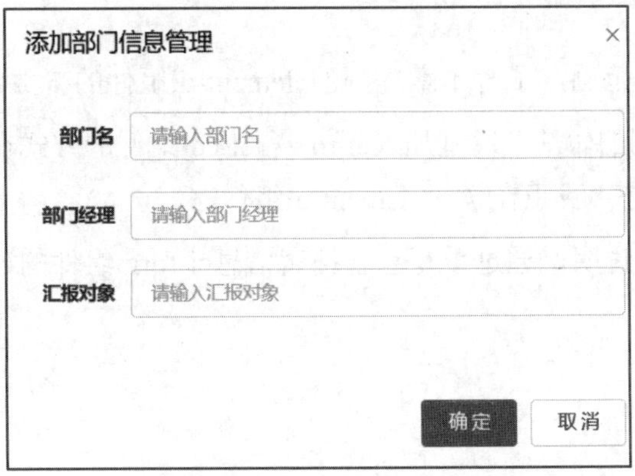

图 3-4 实现新增或修改功能的对话框效果图

相关代码如下：

```
01   <el-dialog :title="title" :visible.sync="open" width="500px"
append-to-body>
02     <el-form ref="form" :model="form" :rules="rules" label-width="80px">
03       <el-form-item label="部门" prop="dept">
04         <el-input v-model="form.dept" placeholder="请输入部门" />
05       </el-form-item>
06       <el-form-item label="姓名" prop="name">
07         <el-input v-model="form.name" placeholder="请输入姓名" />
08       </el-form-item>
09       <el-form-item label="职位" prop="position">
10         <el-input v-model="form.position" placeholder="请输入职位" />
11       </el-form-item>
12       <el-form-item label="薪资" prop="salary">
13         <el-input v-model="form.salary" placeholder="请输入薪资" />
14       </el-form-item>
15     </el-form>
16     <div slot="footer" class="dialog-footer">
17       <el-button type="primary" @click="submitForm">
18         确 定
19       </el-button>
20       <el-button @click="cancel">取 消</el-button>
21     </div>
22   </el-dialog>
```

这里使用第1行的el-dialog组件来绘制对话框，其中通过title属性来设置该对话框的标题，通过visible.sync属性来设置是否要展示这个对话框。

在这个对话框中，使用第2～15行的<el-form>表单组件，在其中放置包含待修改信息的文本框，通过第17～20行的<el-button>组件绘制了两个按钮，并通过按钮对应的@click属性指定了"确定"和"取消"这两个按钮的单击事件方法。

3.5 实 践 练 习

（1）运行本章所有范例，了解本章提到的element-ui组件的参数及其使用要点。

（2）仿照3.2节范例的做法，通过加入el-row和el-col组件的方式在首页的任意位置新加入一行文字，文字的内容是"我正在学习element-ui组件"。

（3）根据3.4.2节的说明，通过重写包含搜索信息el-form组件的v-show值，在部门管理页面屏蔽该搜索组件。

第 4 章

Vue.js方法、监听器和
事件处理修饰符

第 3 章讲述了用 element-ui 组件绘制前端页面的做法，本章将讲述通过使用 Vue.js 监听器和事件处理方法实现前端动态效果的做法。

具体来说，在前端页面的代码中，可以编写监听器来监听用户对前端组件的修改，并在对应的处理方法（也叫处理函数）中编写相关的业务代码。此外，还可以通过编写针对按钮或输入框等组件的鼠标或键盘处理函数来实现前端交互的动态效果。

4.1 Vue.js方法

在Vue.js场景中，方法也叫函数，在本书的第2章中，已经简单讲过了在Vue.js实例中定义和使用方法的做法。

通过定义和使用Vue.js方法，一方面可以向文本输入框等组件中传输数据，另一方面可以实现按钮等组件的业务事件动作。也就是说，Vue.js函数是前端数据传递和事件交互的基本载体。

4.1.1 定义和使用方法的参数

本书第2章所讲述的方法都是不带参数的，事实上通过使用和定义Vue.js方法的参数，可以用高效的方式动态渲染页面，这里将通过如下的methodWithParam.html范例讲述定义和使用Vue.js参数的相关做法。

```
01  <!DOCTYPE html>
02  <html>
03    <head>
04      <meta charset="utf-8">
05      <meta name="viewport" content="width=device-width,initial-scale=1.0">
06      <title>prj-frontend</title>
07    </head>
08    <body>
09      <div id="app">
10        {{sayHello('Peter')}}
11      </div>
12      <script
src="https://cdn.jsdelivr.net/npm/vue@2.5.21/dist/vue.min.js"></script>
13      <script>
14      new Vue({
15        el: '#app',
16        methods:{
17            sayHello:function(name){
18                return "Hello " + name;
19            }
20        },
21      })
22    </script>
23    </body>
24  </html>
```

在上述代码中，通过第16～21行的代码定义了名为sayHello的带参数的函数，这里定义方法的格式是：方法名:function(参数),在该方法中返回了Hello加name参数的字符串。

该方法是在第10行的位置被调用的，这里调用时传入的参数是Peter，运行本范例，大家能看到在浏览器中输出Hello Peter的内容，由此能看到通过定义和使用参数绘制页面效果的做法。

4.1.2 组件与处理方法的绑定方式

在基于Vue.js的前端页面中，方法更多的是和按钮等能触发事件的组件相绑定，由单击鼠标等事件触发相关方法，并执行其中的业务动作。

在第3章讲element-ui组件的使用要点时，其实已经给出了组件是用@click的方式绑定单击事件的处理方法，事实上@click是v-on指令的缩写，这两者都是用来定义组件的单击方法，在大多数前端代码中，更是会直接用缩写形式的@click。

如下的methodWithClick.html范例不仅演示用v-on指令绑定组件与处理方法的做法，同时还会演示在调用方法时通过传入参数动态渲染前端页面的做法。

```
01  <!DOCTYPE html>
02  <html>
03    <head>
04      <meta charset="utf-8">
```

```
05      <meta name="viewport" content="width=device-width,initial-scale=1.0">
06      <title>prj-frontend</title>
07    </head>
08    <body>
09      <div id="app">
10        数量: {{num}}<br/>
11        <button v-on:click="addNum(5)">单击加5</button><br/>
12        <button v-on:click="addNum(10)">单击加10</button>
13      </div>
14      <script src="https://cdn.staticfile.org/vue/2.7.0/vue.min.js"></script>
15      <script>
16        new Vue({
17          el: '#app',
18          data: {
19              num: 0
20          },
21          methods:{
22            addNum:function(increasement){
23                this.num = this.num + increasement;
24            }
25          }
26        })
27      </script>
28    </body>
29  </html>
```

在上述范例中，通过第11行和第12行的代码，以v-on指令的形式绑定了按钮和对应处理方法，这里具体通过addNum方法的参数动态变更了num的值。

而在第22～24行定义的addNum方法中，实现了num加参数的效果。运行本范例，大家能看到如图4-1所示的效果，其中单击不同的按钮，能实现对应的添加数值的效果。

数量: 0
单击加5
单击加10

图 4-1　方法绑定事件的效果图

在button按钮绑定事件时，如果把v-on指令修改成@符号，即把代码修改成如下的样式，也能实现按钮绑定addNum方法的效果。

```
01      <button @click="addNum(5)">单击加5</button><br/>
02      <button @click="addNum(10)">单击加10</button>
```

4.2　监　听　器

在Vue.js实例中，可以用watch关键字来定义监听器。在前端项目中，可以使用监听器来监听页面上的数值（一般是Vue.js的属性）以及Vue.js实例中的对象和方法。定义监听器后，当被监听的内容有变更时，监听器能自动触发对应的处理方法，以改变前端页面上的内容或状态。

4.2.1 监听属性

监听器是一种事件处理机制，一般使用watch关键字来修饰，在这部分的listenDemo.html范例中，将讲述通过监听器监听属性的做法，从中大家能看到，当被监听的值发生变化时，监听器对应的方法将会被触发并执行相应的动作。

```
01  <!DOCTYPE html>
02  <html>
03    <head>
04      <meta charset="utf-8">
05      <meta name="viewport" content="width=device-width,initial-scale=1.0">
06      <title>prj-frontend</title>
07    </head>
08    <body>
09      <div id="app">
10         米: <input type="text" v-model="meter"> <br/>
11         厘米: <input type="text" v-model="cm">    </div>
12      <script src="https://cdn.staticfile.org/vue/2.7.0/vue.min.js"></script>
13      <script>
14       new Vue({
15        el: '#app',
16        data: {
17                  meter: 0,
18                  cm: 0
19         },
20        watch: {
21            meter: function (val) {
22               this.cm = val * 100;
23            },
24            // 监听器的val是当前值，oldVal是改变之前的值
25            cm: function (val, oldVal) {
26               this.meter = val / 100;
27            }
28         }
29       })
30      </script>
31    </body>
32  </html>
```

在本范例的第9行和第10行的代码中，通过<input>元素定义了两个文本输入对象，并通过v-model指令指定了对应的Vue.js属性值分别是meter和cm。

在第14～29行的Vue.js实例代码中，首先通过第17行和第18行的代码设置meter和cm属性值的初始值，随后在第20～28行的代码里，通过watch关键字定义了监听器。

这个监听器中的第21～23行代码中设置了针对meter属性的监听动作，一旦meter属性发生变化，就将修改cm的值，这里val的参数表示修改后的meter的值。

而在这个监听器的第25～27行的代码中，设置了针对cm属性的监听动作，具体是，一旦cm的值发生变化，就将修改meter的值。

本范例运行后，能看到如图4-2所示的效果，不论是修改其中哪个文本框，另一个文本框的数值也会发生变化。

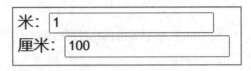

图 4-2　监听属性的效果图

4.2.2　监听对象

在基于Vue.js的前端页面中，可以通过对象以及对象中的属性来展示和交互数据，通过如下的listenerObj.html范例，大家能看到通过watch关键字监听对象并触发相应动作的做法。

```
01  <!DOCTYPE html>
02  <html>
03    <head>
04     <meta charset="utf-8">
05     <meta name="viewport" content="width=device-width,initial-scale=1.0">
06     <title>prj-frontend</title>
07    </head>
08    <body>
09     <div id="app">
10        登录用户: <input type="text" v-model="login.name"> <br/>
11        {{msg}}
12     </div>
13
14     <script src="https://cdn.staticfile.org/vue/2.7.0/vue.min.js"></script>
15     <script>
16      new Vue({
17       el: '#app',
18       data: {
19              msg: '',
20              login: {
21                 name: ''
22                 }
23         },
24       watch: {
25          login: {
26             handler : function(newVal,oldVal){
27                 if(newVal.name=='admin') {
28                     this.msg = '管理员登录'
29                 } else if(newVal.name=='operator') {
```

```
30                    this.msg = '操作员登录'
31                 }
32              },
33              deep:true
34            }
35          }
36      })
37    </script>
38  </body>
39 </html>
```

在本范例的第10行中，用到了login对象的name属性来接收用户名字段，而在第24～35行中，通过watch关键字监听了login对象。

具体来说，在第25行代码中指定了待监听的对象名，在第26行代码中定义了名为handler的处理方法，这里请注意，watch监听器中对象的处理方法固定叫handler。

handler处理方法的两个参数分别是变更前和变更后的对象值，这里的对象是login类型，在该方法中，通过if语句以login.name判断输入的用户名，如果是admin，则通过msg展示"管理员登录"的文字，如果是operator，则通过msg展示"操作员登录"的文字。

运行本范例，大家能看到如图4-3所示的效果，比如在文本框中输入admin，就能触发监听对象的handler方法，在文本框下方展示"管理员登录"的文字。

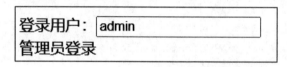

图4-3 监听对象的效果图

4.2.3 通过监听器绑定属性和方法

通过watch关键字修饰的监听器，还可以把Vue.js实例中的属性和对应的处理方法绑定到一起，如下的listenerMethod.html范例演示了这一做法。

```
01 <!DOCTYPE html>
02 <html>
03   <head>
04     <meta charset="utf-8">
05     <meta name="viewport" content="width=device-width,initial-scale=1.0">
06     <title>prj-frontend</title>
07   </head>
08   <body>
09     <div id="app">
10       登录用户: <input type="text" v-model="name"> <br/>
11       {{msg}}
12     </div>
13     <script src="https://cdn.staticfile.org/vue/2.7.0/vue.min.js"></script>
14     <script>
```

```
15        new Vue({
16          el: '#app',
17          data: {
18             msg: '',
19             name: ''
20          },
21          methods:{
22            checkName() {
23                if(this.name=='admin') {
24                     this.msg = '管理员登录'
25                  } else if(this.name=='operator') {
26                     this.msg = '操作员登录'
27                  }
28            }
29          },
30          watch: {
31             name: 'checkName'
32          }
33        })
34      </script>
35    </body>
36  </html>
```

上述范例第10行定义的文本框中，使用name属性接收输入的用户名，在第22～28行的 checkName方法中，将会根据name属性的取值动态地通过msg属性展示页面文字。

这里通过第30～32行的watch代码块绑定了name属性和checkName方法，这样一旦修改了文本框的值，就会调用checkName方法检查name的值，同时对应地改变msg的值并在页面展示。

本范例运行后的效果和4.2.2节给出的范例运行效果完全一致，从中大家能看到通过watch 关键字绑定属性和处理方法的做法。

4.3　事件处理方法的修饰符

在前端页面运行过程中，鼠标和键盘的单击动作可以触发事件，被监听对象的值发生变更时也可以触发事件。在定义事件时，可以引入修饰符，由此来进一步指定事件处理方法的触发行为。

4.3.1　stop 阻止事件扩散的修饰符

上文提到了在定义命令按钮时，可以用v-on:click的形式定义按钮的单击事件，事实上可以在div等其他前端组件上加入v-on:click形式的代码，以此来定义该组件的单击动作。

可以用层级结构的代码来定义前端页面，最典型的层级结构是用div来实现嵌套，相应的代码样式如下：

```
01   <div @click="handleOutClick">
02     <button @click="handleInnerClick">内部点击</button><br/>
03   </div>
```

这里第2行的button按钮对应的处理方法是handleInnerClick，而该button所在的外层div也有对应的处理方法。此时如果单击该按钮，在触发handleInnerClick方法的同时，该单击事件还会进一步扩散到外层div上，对应的handleOutClick方法也会被触发。

在一些不希望事件被扩散到外层的场景中，可以在内层定义事件的触发方法时加入stop修饰符，在如下的eventStop.html范例中，大家能看到stop修饰符的用法。

```
01   <!DOCTYPE html>
02   <html>
03     <head>
04       <meta charset="utf-8">
05       <meta name="viewport" content="width=device-width,initial-scale=1.0">
06       <title>prj-frontend</title>
07     </head>
08     <body>
09       <div id="app">
10         <div @click="handleOutClick">
11           <button @click.stop="handleInnerClick">内部单击
12           </button>
13           <br/>
14         </div>
15         {{msg}}
16       </div>
17       <script src="https://cdn.staticfile.org/vue/2.7.0/vue.min.js"></script>
18       <script>
19         new Vue({
20           el: '#app',
21           data: {
22                 msg: ''
23           },
24           methods:{
25             handleInnerClick:function(){
26                 this.msg += '内部单击';
27             },
28             handleOutClick:function(){
29                 this.msg += '外部单击';
30             }
31           }
32         })
33       </script>
34     </body>
35   </html>
```

在上述代码的第10～14行中定义了外层是div内层是button的两个组件，同时通过@click定义了这两个组件单击事件对应的处理方法。从第25～30行的两个事件处理方法中可以看到，这两个方法会为msg变量赋不同的值。

由于在第11行定义button事件的处理方法时加入了stop修饰符，因此在运行本范例并单击按钮时，能看到如图4-4所示的效果，其中msg的展示文字是"内部单击"，由此能看到单击事件并没有扩展到外层的div。

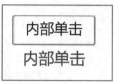

图4-4 使用 stop 修饰符的效果图

但是，如果去掉第11行中的stop修饰符，内层button组件的按钮事件就会扩散到第10行的div组件，并触发handleOutClick事件处理方法，具体的效果如图4-5所示，从中能看到，当事件被扩散时，内层和外层事件处理方法都会被触发。

图4-5 不使用 stop 修饰符导致事件扩散的效果图

4.3.2 capture 捕获事件的修饰符

通过添加capture修饰符，可以在前端外层组件中捕获并处理内层组件扩展的事件，通过如下的eventCapture.html范例，大家能看到该修饰符的用法。

```
01 <!DOCTYPE html>
02 <html>
03   <head>
04     <meta charset="utf-8">
05     <meta name="viewport" content="width=device-width,initial-scale=1.0">
06     <title>prj-frontend</title>
07   </head>
08   <body>
09     <div id="app">
10       <div @click.capture="handleOutClick">
11           <button @click="handleInnerClick">内部单击
12           </button><br/>
13       </div>
14       {{msg}}
15     </div>
16     <script src="https://cdn.staticfile.org/vue/2.7.0/vue.min.js"></script>
17     <script>
18     new Vue({
19       el: '#app',
20       data: {
21             msg: ''
```

```
22          },
23          methods:{
24            handleInnerClick:function(){
25              this.msg += '内部单击';
26            },
27            handleOutClick:function(){
28              this.msg += '外部单击';
29            }
30          }
31        })
32      </script>
33    </body>
34 </html>
```

这里在第10～13行的嵌套组件的代码中，在第10行加入了capture修饰符，这样单击第11行的button组件所触发的事件会被外层div所捕获，并对应地触发handleOutClick这个事件处理方法。

运行本范例并单击按钮后，能看到如图4-6所示的效果，从输出的结果中能看到，引入capture修饰符后，触发的事件会先被外层div所捕获并处理，在此之后再触发该button按钮本身定义的事件处理方法。

内部单击
外部单击内部单击

图 4-6　使用 capture 修饰符的效果图

4.3.3　只执行一次操作的 once 修饰符

如果只想让事件对应的处理方法只执行一次，那么可以使用once修饰符，这样的话，在当前页面被加载之后，哪怕是多次通过单击等方法触发事件，对应的处理方法也只会被执行一次。通过如下的eventOnce.html范例，大家能看到该关键字的用法。

```
01 <!DOCTYPE html>
02 <html>
03   <head>
04     <meta charset="utf-8">
05     <meta name="viewport" content="width=device-width,initial-scale=1.0">
06     <title>prj-frontend</title>
07   </head>
08   <body>
09     <div id="app">
10       <button @click.once ="handleClick">只有一次单击效果
11       </button><br/>
12       {{msg}}
13     </div>
14     <script src="https://cdn.staticfile.org/vue/2.7.0/vue.min.js"></script>
```

```
15    <script>
16      new Vue({
17        el: '#app',
18        data: {
19          msg: ''
20        },
21        methods:{
22          handleClick:function(){
23              this.msg += '只展示一次';
24          }
25        }
26      })
27    </script>
28  </body>
29 </html>
```

在第10行定义button按钮的处理方法时，由于加了once修饰符，因此无论单击多少次按钮，所对应的handleClick方法只会被触发一次，本范例运行后的效果如图4-7所示。

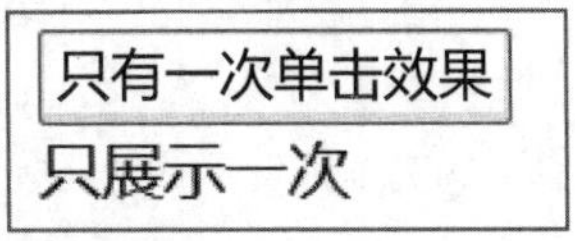

只有一次单击效果
只展示一次

图 4-7　使用 once 修饰符的效果图

对应地，如果去掉第10行的once修饰符，那么多次单击按钮会多次触发handleClick方法，对应的效果如图4-8所示。

只有一次单击效果
只展示一次只展示一次只展示一次只展示一次

图 4-8　不使用 once 导致事件被多次触发的效果图

4.3.4　只触发本处理方法的 self 修饰符

从前文大家能看到，在前端的单击等事件能扩展，比如单击内层组件后，内层组件的单击事件能扩展到外层。即对于一个组件来说，不仅是本组件的事件能触发该组件的事件处理方法，内层组件的事件也可以触发外层组件的事件处理方法。

在不少前端开发的场景中，程序员希望本组件的事件处理方法只能由本组件触发，不想让内层组件的事件影响本组件，可以通过self修饰符实现此类需求。

在如下的eventSelf.html范例中，第10行的div组件本身有click事件的处理方法，但该组件的内层还包含一个button组件，而这个button组件也有自己的click事件处理方法。

```
01  <!DOCTYPE html>
02  <html>
03    <head>
```

```
04        <meta charset="utf-8">
05        <meta name="viewport" content="width=device-width,initial-scale=1.0">
06        <title>prj-frontend</title>
07    </head>
08    <body>
09      <div id="app">
10        <div @click.self ="handleOutClick">
11            <button @click="handleInnerClick">内部单击
12            </button><br/>
13        </div>
14        {{msg}}
15      </div>
16      <script src="https://cdn.staticfile.org/vue/2.7.0/vue.min.js"></script>
17      <script>
18       new Vue({
19         el: '#app',
20         data: {
21             . msg: ''
22         },
23         methods:{
24            handleInnerClick:function(){
25                this.msg += '内部单击';
26            },
27            handleOutClick:function(){
28                this.msg += '外部单击';
29            }
30         }
31       })
32      </script>
33    </body>
34 </html>
```

这里由于在外层div的click处理方法前加了self，因此单击该div内层的button按钮不会触发外层div的方法，单击button按钮后的效果如图4-9所示。

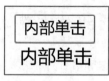

图 4-9　引入 self 修饰符的效果图

此时只有当单击外层div时，才能触发handleOutClick方法。从中可以看到，在click等事件中加入self修饰符以后，能阻止内层组件触发本组件的事件，所以在真实前端场景中，能通过self修饰符来防止事件扩散。

4.3.5　处理按键事件的修饰符

前面提到了用v-on:click的形式定义鼠标单击事件的做法，事实上在Vue.js的事件处理框架中，还能通过KeyDown、KeyUp和KeyPress等修饰符来处理按键事件，这三个修饰符的触发条件如表4-1所示。

表 4-1 按键事件被触发时机的说明表

事 件 名	触发时机
KeyDown	按键时被触发
KeyUp	按键抬起时被触发
KeyPress	按键动作和按键抬起动作连贯发生后被触发

通过如下的methodWithKey.html范例，大家能看到使用上述三个按键修饰符修饰按键方法的做法，从中能体会对应的按键修饰符被触发的时机。

```
01  <!DOCTYPE html>
02  <html>
03    <head>
04      <meta charset="utf-8">
05      <meta name="viewport" content="width=device-width,initial-scale=1.0">
06      <title>prj-frontend</title>
07    </head>
08    <body>
09      <div id="app">
10        {{msg}}<br/>
11        <input @keyup="setVal('用户名')">用户名输入框</input><br/>
12        <input @keydown="setVal('密码')">密码输入框</input><br/>
13        <input @keypress="setVal('验证码')">验证码输入框</input>
14      </div>
15      <script src="https://cdn.staticfile.org/vue/2.7.0/vue.min.js"></script>
16      <script>
17      new Vue({
18        el: '#app',
19        data: {
20              msg: ''
21        },
22        methods:{
23          setVal:function(name){
24              this.msg = '正在输入' + name + '的内容';
25          }
26        }
27      })
28      </script>
29    </body>
30  </html>
```

在本范例的第11～13行代码中，用input组件定义了三个文本输入框，分别用来接收用户名、密码和验证码的输入，其中分别使用keyup、keydown和keypress修饰符定义了三个按键方法。

这三个文本输入框对应的处理方法都是setVal，只不过触发的方式不同，本范例运行后，能通过msg信息看到当下在操作哪个文本输入框，具体效果如图4-10所示。

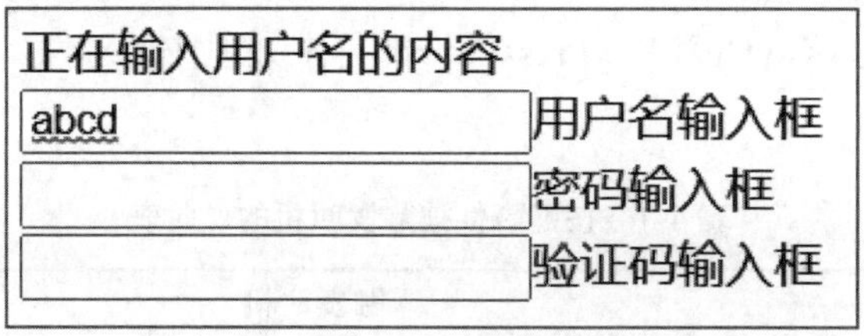

正在输入用户名的内容
abcd · 用户名输入框
· 密码输入框
· 验证码输入框

图 4-10　引入按键修饰符的效果图

4.4　实　践　练　习

（1）运行本章所有范例，了解本章提到的Vue.js方法、监听器和方法修饰符的用法。

（2）改写4.1.2节的methodWithClick.html范例，实现如下效果：在页面中定义一个按钮和一个名为num、初始值为0的数字，每次单击该按钮后，num数字加20，并在页面中展示最新的num数字。

（3）在4.2.1节的listenDemo.html范例中实现了千米和米数值之间的转换，通过改写这一范例，实现吨和千克之间的转换。

第 5 章
前端组件与前端布局

本章提到的组件也叫 Vue 组件，从代码角度来看，它是可复用的 Vue 实例，从页面展示角度来看，它是一个个能实现功能重用的前端页面元素。

本章以人事管理系统的前端为例，在讲述用组件实现前端效果做法的基础上，讲述用组件在前端页面传递数据的做法。

此外，如何把组件展示到页面中，如何把若干组件整合成一个功能更加丰富的组件，这也是前端程序员需要考虑的问题。对此，本章会在讲述组件开发技巧的基础上，进一步讲述布局前端页面的实战技巧。

5.1　Vue实例与前端组件

之前提到过基于element-ui的各种页面控件，比如文本框或按钮等，本章要讲的组件可以由这些页面控件构成，能实现更加丰富的前端效果，能实现更加复杂的前端交互动作。

本节会以人事管理系统中的Hamburger组件为例，首先让大家直观地了解组件以及组件和基本element-ui等控件的差别，然后让大家初步掌握前端组件的开发步骤。

5.1.1　从页面上观察 Hamburger 组件

在人事管理系统的前端页面中，Hamburger组件的表现形式是一个三角形按钮，通过它用户可以伸缩左侧导航栏。打开页面后，该Hamburger组件三角形按钮的尖端是朝左的，如图5-1所示。

此时左侧的导航栏处于打开状态，如果单击该Hamburger组件，就能看到如图5-2所示的效果，此时该组件三角形按钮的尖端是朝右的，而左侧的导航栏处于收缩状态。

图 5-1　初始化状态下 Hamburger 组件的样式　　　图 5-2　单击 Hamburger 按钮收缩导航栏后的效果图

　　和文本框或按钮控件相比，Hamburger组件不仅包含较为复杂的展示效果，还包含比较复杂的事件处理逻辑，所以需要以定制化的方式，用Vue.js整合JS和SCSS等方式来实现。

　　此外，前端项目需要包含像Hamburger组件一样的，功能复杂但没有第三方库直接支持的前端组件，比如后文提到的导航类组件和导航类标签组件，而其他前端项目应该也有类似的需求。

　　对于此类前端需求，可以通过开发前端组件来实现。而且此类组件的表现形式是Vue.js实例，所以此类组件一旦开发完成，还能以调用Vue.js实例的方式高效地重用到其他前端页面中。

5.1.2　分析 Hamburger 组件代码

　　Hamburger组件的代码是定义在src/componenets/Hamburger目录中的，其目录层次结构如图5-3所示，从中能看到，该组件的扩展名是vue，即该组件是Vue.js实例。

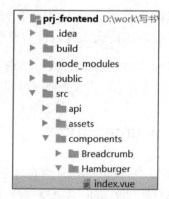

图 5-3　单击 Hamburger 按钮收缩导航栏后的效果图

　　该组件的前端页面代码和对应的样式代码如下，从中可以看到，该组件使用SVG的方式绘制三角形按钮。

```
01  <template>
02    <div style="padding: 0 25px;" @click="handleClick">
03      <svg
04        :class="{'is-active':isActive}"
05        class="hamburger"
06        viewBox="0 0 15 15">
07        <path d="M7.5,0.5c3.9,0,7,3.1,7,7c0,3.9-3.1,7-7,7c-3.9,0-7-3.1-7-7l0,
0C0.5,3.6,3.6,0.5,7.5,0.5 C7.5,0.5,7.5,0.5,7.5,0.5L7.5,0.5L7.5,0.5z M6.1,
4.7v5.6l4.2-2.8L6.1,4.7z"/>
08      </svg>
09    </div>
10  </template>
11  <style scoped>
12  .hamburger {
13    width: 25px;
14    height: 25px;
15    vertical-align: middle;
16  }
17  .hamburger.is-active {
18    transform: rotate(180deg);
19  }
20  </style>
```

在上述第3～8行的代码中，通过<svg>元素绘制了三角形按钮的效果，具体通过第7行<path>元素的各参数值绘制了三角形的样式，通过第4行class部分的is-active样式指定了单击该三角形后，会调用第18行的代码对该三角形进行rotate旋转操作。

此外，在该组件的第2行代码中，设置了针对鼠标click事件的处理方法是handleClick，该方法的定义如下。

```
01  <script>
02  export default {
03    name: 'Hamburger',
04    props: {
05      isActive: {
06        type: Boolean,
07        default: false
08      }
09    },
10    methods: {
11      handleClick() {
12        this.$emit('toggleClick')
13      }
14    }
15  }
16  </script>
```

从中可以看到，单击三角形按钮后会通过第12行的$emit方法触发toggleClick方法，再结合第5行的props属性中的isActive值，实现伸缩或扩展左侧菜单导航栏的效果，这里提到的$emit和props属性将会在下文详细讲述。

5.1.3 使用 Hamburger 组件

前面给出了定义Hamburger组件的代码，事实上，其他前端页面或Vue组件能在导入Hamburger组件的基础上使用该组件，比如在本书的人事管理系统的前端项目中，在如图5-4所示的页面上方，名为NavBar的导航组件用到了Hamburger组件。

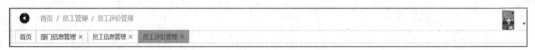

图 5-4 用到 Hamburger 组件的页面上方的 NavBar 组件效果图

在NavBar组件中使用Hamburger组件的步骤如下。

步骤01 通过如下import语句引入Hamburger组件：

```
import Hamburger from '@/components/Hamburger'
```

步骤02 在NavBar导航组件中，通过如下代码引入Hamburger组件，从中大家能看到用于和Hamburger组件代码联动的is-active变量和@toggleClick方法。

```
<Hamburger id="hamburger-container" :is-active="sidebar.opened"
class="hamburger-container" @toggleClick="toggleSideBar" />
```

通过上述步骤在NavBar导航组件中引入了Hamburger组件后，就能在导航部分的页面元素中看到能实现伸缩效果的三角形的按钮，事实上NavBar导航使用类似方法引入了其他组件。

从中大家能体会到，Hamburger组件其实是Vue实例，当然其他诸如NavBar等自定义组件也一样是Vue实例，所以可以通过import外加"<>"引用的方式使用各种组件。

5.1.4 通过 props 和 $emit 实现组件间的交互

这里NavBar导航组件引入了Hamburger组件，这两者交互的逻辑是，单击Hamburger组件的三角形按钮，该三角形按钮的朝向就会改变，同时触发左侧导航栏的收缩或扩展动作。也就是说，这两个组件需要实现数据和动作层面的交互。

一般来讲，不同组件间的数据传递可以通过props属性来实现，比如在这个场景中，NavBar组件使用Hamburger组件的代码如下，从中大家能发现，is-active值和左侧导航栏的状态有关，处于扩展状态时是True，反之是false。

```
<Hamburger id="hamburger-container" :is-active="sidebar.opened"
class="hamburger-container" @toggleClick="toggleSideBar" />
```

而Hamburger组件定义is-active值的变量是isActive，该变量放在props中，而props中的值可以在组件之间传递。也就是说，Hamburger组件的is-active值一方面能控制该组件三角形的朝向，另一方面能通过props传递到NavBar组件，通过影响侧边菜单栏状态的sidebar.opened值控制侧边菜单栏的伸缩效果，从中大家能体会到用prop在组件之间传值的做法。

此外，在Hamburger组件的代码中，一旦单击了三角形按钮，就会触发handleClick方法，而该方法的实现代码是this.$emit('toggleClick')，这里是通过$emit调用定义在NavBar组件中的toggleClick方法，而该方法对应的toggleSideBar方法能实现侧边导航栏的伸缩动作，从中大家能体会到，$emit事实上能起到触发其他组件方法的效果。

事实上，通过props在组件间传输数据，以及通过$emit触发其他组件事件，这是两种比较常见的组件交互的做法，在本书所讲的人事管理系统的组件交互场景中，也大量用到这两种方式。

5.2 页面上方导航组件分析

前面已经提到了页面上方的导航组件Navbar，同时分析了在该导航组件中用到的Hamburger组件。这里将在讲述Navbar用到的其他各组件的基础上，讲述Navbar组件的开发方式，从中大家不仅能进一步掌握组件的开发和使用技巧，更能进一步掌握组件间数据和事件交互的实战技巧。

5.2.1 导航组件的构成

这里的NavBar组件其实是由三部分构成的。第一部分是前面已经提到的Hamburger组件，第二部分是实现当前菜单展示效果的Breadcrumb组件，其效果如图5-5所示，而第三部分是右侧以图标形式展示的下拉菜单，用户展开单击后，能实现退出登录的效果，其界面如图5-6所示。

员工管理 / 员工评价管理

图 5-5　展示当前菜单的 Breadcrumb 组件效果图　　图 5-6　实现退出登录的下拉菜单效果图

在NavBar组件中，图5-6实现下拉菜单效果的元素，由于功能较为简单，因此直接定义在NavBar组件代码中。

5.2.2 Breadcrumb 组件分析

实现当前菜单展示效果的Breadcrumb组件，其扩展名还是.vue，所以也是Vue实例，其中包含绘制前端页面的代码，定义前端样式的代码和事件处理的代码，其中实现前端页面和相关样式的代码如下：

```
01  <template>
02    <el-breadcrumb class="my-breadcrumb" separator="/">
03     <el-breadcrumb-item v-for="(item,index) in menuList" :key="item.path">
04       <span class="menuTitle">{{ item.meta.title }}</span>
05     </el-breadcrumb-item>
06    </el-breadcrumb>
07  </template>
08  <style lang="scss" scoped>
09  .my-breadcrumb.el-breadcrumb {
10    display: inline-block;
11    font-size: 15px;
12    line-height: 50px;
13    .menuTitle {
14      color: #75b7c9;
15      cursor: text;
16    }
17  }
18  </style>
```

其中第1～7行定义的是前端页面的代码，第8～18行定义的是SCSS样式代码。

这里使用<template>元素包含<el-breadcrumb >元素，实现了展示当前菜单项的效果，而在第3行的<el-breadcrumb-item>元素中，通过v-for循环的方式获取当前菜单的全路径，并通过第4行的<span>元素展示出来。

该组件的事件处理代码如下，从中大家能看到，该组件用到了watch和created等钩子函数来监听事件，并做出对应的动作。

```
19  <script>
20  export default {
21    data() {
22      return {
23        menuList: '首页'
24      }
25    },
26    watch: {
27      $route(route) {
28        this.getBreadcrumb()
29      }
30    },
31    created() {
32      this.getBreadcrumb()
33    },
34    methods: {
35      getBreadcrumb() {
36        let matched = this.$route.matched.filter(item => item.meta)
37        const first = matched[0]
38        this.menuList = matched.filter(item.meta.title)
39      }
40    }
```

```
41   }
42 </script>
```

一旦该组件被装载，第31行的created函数就会被触发，在其中通过调用getBreadcrumb函数来获取当前菜单的全路径。而一旦当前处于激活状态的菜单发生变更，那么就会触发第26行的watch方法，在其中也会调用getBreadcrumb函数，不过此时还会获取表示当前菜单路径的route对象，这样该组件展示菜单的内容就能根据菜单的变化而变化。

Breadcrumb组件是通过第35行的getBreadcrumb函数来获取当前菜单的，解析当前菜单的内容后再赋予menuList对象，通过分析Breadcrumb组件的页面代码能看到，该组件是通过menuList对象来展示当下激活菜单的全路径的。

5.2.3 watch 监听器分析

在Vue.js框架中，能通过watch关键字来定义监听器，即当被监听对象的值发生变更时，会触发定义在watch内部的方法。

前面提到的Breadcrumb组件用到了watch监听器，相关代码如下：

```
01   watch: {
02     $route(route) {
03       this.getBreadcrumb()
04     }
05   }
```

从中大家能看到，这里通过第2行的代码定义了监听对象表示当前激活路径的route对象，该对象发生变更时，会触发第3行定义的getBreadcrumb方法。

这样一来，一旦用户通过单击左侧菜单进入其他的业务模块，route变量就会变更，从而会触发Breadcrumb组件的watch监听器，由此会动态地变更页面上方展示当前菜单的文字内容。

5.2.4 组合成上方导航组件

前面讲述了导航组件中各子组件的实践要点，在开发前端项目时，更需要整合各子组件构建一个功能更为强大的前端页面组件。这里就以导航组件为例，讲一下整合组件的实践要点。

步骤01 在<script>元素中，定义并声明待引入的各子组件，同时定义所需的钩子函数，相关代码如下：

```
01 <script>
02 import { mapGetters } from 'vuex'
03 import Breadcrumb from '@/components/Breadcrumb'
04 import Hamburger from '@/components/Hamburger'
05 export default {
06   components: {
07     Breadcrumb,
08     Hamburger
```

```
09      },
10      computed: {
11        ...mapGetters([
12          'sidebar'
13        ])
14      },
```

这里通过第3行和第4行的代码引入了所要使用的两个子组件，引入后还需要在第6~9行的components中声明一下，这样在NavBar组件中就能用到这两个子组件。

此外，该组件还通过第10~13行的computed代码来从外部动态获取sidebar变量，该变量和左侧菜单是否处于展开状态有关。通过该变量能实现左侧菜单栏和NavBar组件内部的Hamburger三角形按钮的联动效果。

步骤02 编写实现前端页面效果的代码，在其中整合Hamburger和Breadcrumb等组件。

```
15  <template>
16    <div class="navbar">
17      <Hamburger id="hamburger-container" :is-active="sidebar.opened"
class="hamburger-container" @toggleClick="toggleSideBar" />
18      <Breadcrumb id="breadcrumb-container" class="breadcrumb-container" />
19      <div class="right-menu">
20        <el-dropdown class="top-container right-menu-item hover-effect"
trigger="click">
21          <div class="top-wrapper">
22            <img src="./profile.jpg" class="sys-logo">
23            <i class="el-icon-caret-bottom" />
24          </div>
25          <el-dropdown-menu slot="dropdown">
26            <el-dropdown-item divided @click.native="logout">
27              <span>退出登录</span>
28            </el-dropdown-item>
29          </el-dropdown-menu>
30        </el-dropdown>
31      </div>
32    </div>
33  </template>
```

在上述第20~30行的代码中定义了实现下拉菜单的el-dropdown组件，在其中通过第25~29行的el-dropodown-menu组件定义了"退出登录"的下拉式菜单，该菜单的事件处理函数是logout。

步骤03 通过methods关键字定义实现事件交互的方法，具体代码如下：

```
34  methods: {
35    toggleSideBar() {
36      this.$store.dispatch('app/toggleSideBar')
37    },
38    async logout() {
39      this.$confirm('确定退出？', '提示', {
40        confirmButtonText: '确定',
41        cancelButtonText: '取消',
42        type: 'warning'
```

```
43        }).then(() => {
44          this.$store.dispatch('LogOut').then(() => {
45            location.href = '/index';
46          })
47        }).catch(() => {});
48      }
49    }
```

第35～37行的toggleSideBar方法是Hamburger组件的单击处理函数，用来和左侧菜单项交互，而第38～48行的logout方法则是el-dropdown-item组件的事件处理函数，该方法能实现"登出"到/index页面的效果。

在定义页面上方导航组件的NavBar.vue代码中，还包含用于定义页面样式的SCSS代码，这部分代码请大家自行阅读。

5.3 左侧导航栏组件分析

本项目在src/layout/components/SideBar/index.vue文件中放置了左侧导航栏的页面效果和事件处理的代码，该组件包含若干能导航的菜单项，该组件能通过前面提到的Hamburger组件展开和收缩。

5.3.1 菜单类组件分析

这里将要实现的左侧菜单导航效果如图5-7所示，其中菜单可以展开，用户单击具体的菜单项后，能打开对应的业务页面。

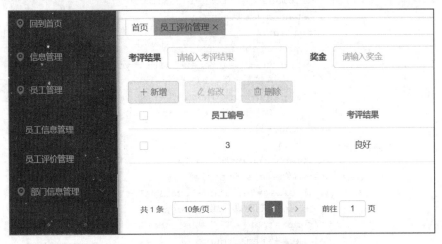

图 5-7　左侧导航菜单的效果图

该组件是由<el-menu>、<el-submenu>、<el-menu-item-group>和<el-menu-item>等element-ui组件构成的，具体代码如下：

```
01  <template>
02      <div>
03          <el-scrollbar  wrap-class="scrollbar-wrapper">
04              <el-menu
05                  router
06                  :default-active="defaultActivePath"
07                  background-color= #304156
08                  text-color= #bfcbd9
09                  active-text-color= #fed14c
10                  :unique-opened="true">
11                  <el-menu-item index='/index' >
12                      <template slot="title">
13                          <i class="el-icon-location"></i>
14                          <span>回到首页</span>
15                      </template>
16                  </el-menu-item>
17                  <el-submenu index="">
18                      <template slot="title">
19                          <item :title="信息管理" />
20                          <i class="el-icon-location"></i>
21                          <span>信息管理</span>
22                       </template>
23                      <el-menu-item-group>
24                         <el-menu-item index="/salary_level">
25                      薪资标准管理</el-menu-item>
26                          <el-menu-item index="/hirenum">
27                      招人名额管理</el-menu-item>
28                      </el-menu-item-group>
29                  </el-submenu>
30                  <el-submenu index="/info_manager">
31                      <template slot="title">
32                          <i class="el-icon-location"></i>
33                          <span>员工管理</span>
34                       </template>
35                      <el-menu-item-group>
36                          <el-menu-item index="/employee">
37                              员工信息管理</el-menu-item>
38                          <el-menu-item index="/employee_kpi">
39                              员工评价管理</el-menu-item>
40                      </el-menu-item-group>
41                  </el-submenu>
42                   <el-submenu index="/dept">
43                      <template slot="title">
44                          <i class="el-icon-location"></i>
45                          <span>部门信息管理</span>
46                       </template>
47                      <el-menu-item-group>
48                         <el-menu-item index="/dept_info">
49                             部门信息管理</el-menu-item>
50                      </el-menu-item-group>r
51                  </el-submenu>
```

```
52            </el-menu>
53          </el-scrollbar>
54        </div>
55    </template>
```

从中可以看到，<el-menu>控件用来定义菜单的整体样式，比如导航方式、背景色和文本颜色等，<el-menu-item>控件用来实现菜单的超链接效果，比如第11～16行的<el-menu-item>控件定义了"回到首页"和"/index"之间的关联关系。

可以整合使用<el-submenu>和<el-menu-item-group>控件来定义菜单组和该菜单组中包含的子菜单，比如在第30～41行的代码中，通过这两个控件定义了"员工管理"菜单组及其中包含的两个菜单。

5.3.2 引入 Vue Router

本项目使用Vue Router实现了导航效果，为了使用Vue Router，需要在项目中编写如下代码。

步骤01 在本项目的package.json文件的dependencies部分引入vue-router组件包，本项目用的是3.4.9版本。

```
01    "dependencies": {
02      "vue-router": "^3.4.9"
03      省略引入其他组件依赖包的代码
04    },
```

步骤02 在加载前端系统资源的main.js文件中，通过如下代码引入router组件：

```
01    import router from './router'
```

同时，在main.js初始化前端实例时，引入router组件，相关代码如下：

```
01    new Vue({
02      el: '#app',
03      router,
04      store,
05      render: h => h(App)
06    })
```

步骤03 在前端Vue.js项目入口App.vue实例中，用router-view元素实例化Router路由组件，这样当本前端项目启动时，系统能自动装载该Router路由组件。

```
01    <template>
02      <div id="app">
03        <router-view />
04      </div>
05    </template>
```

5.3.3　整合路由模块，实现导航效果

在左侧的导航组件中，使用\<el-menu-item\>组件定义菜单文字和菜单链接的关联关系，比如通过如下代码定义"薪资标准管理"和"招人名额管理"这两个菜单对应的链接路径。

```
01  <el-menu-item-group>
02      <el-menu-item index="/salary_level">薪资标准管理
03      </el-menu-item>
04      <el-menu-item index="/hirenum">招人名额管理
05      </el-menu-item>
06  </el-menu-item-group>
```

而路径和组件的对应关系定义在Vue Router组件中，具体来讲，是在前文引入Router组件的基础上，在src/router/index.js文件中定义路由规则，该路由规则的名称如第1行所示，叫constantRoutes，相关代码如下：

```
01  export const constantRoutes = [
02      {
03          path: '',
04          component: Layout,
05          name: '部门信息管理',
06          meta: { title: '部门信息管理' },
07          children: [
08              {
09                  path: '/dept_info',
10                  component: (resolve) => require(['@/views/ dept_info/index.vue'],
resolve),
11                  name: '部门信息管理',
12                  meta: { title: '部门信息管理' }
13              }
14          ]
15      }
```

上述第3～14行的代码定义了"部门信息管理"菜单所对应组件的路径，其中通过第6行和第7行的代码定义了"/dept_info"路径对应的组件是'@/views/dept_info/index.vue'，即该路径对应/src/views/dept_info路径下包含部门信息管理业务功能的index.vue实例。

这里请注意，第5行的name属性指定的是"部门信息管理"一级菜单，该菜单只是用来展示，没有具体的导航效果，在该一级菜单的children属性中，通过第8～13行的代码定义了具体链接到@/views/dept_info/index.vue实例的二级菜单，其中通过path定义路径，通过component定义该路径对应的具体业务实例。

前面讲述了一个一级菜单包含一个二级菜单的效果，如果要让一个一级菜单包含多个二级菜单，可以通过如下样式的代码来实现：

```
01  {
02              path: '',
```

```
03              component: Layout,
04              name: '信息管理',
05              meta: { title: '信息管理' },
06              children: [
07                {
08                  path: '/salary_level',
09                  component: (resolve) => require(['@/views/
salary_level/index.vue'], resolve),
10                  name: '薪资标准管理',
11                  meta: { title: '薪资标准管理' }
12                }
13              ]
14          },
15          {
16              path: '',
17              component: Layout,
18              name: '信息管理',
19              meta: { title: '信息管理' },
20              children: [
21                {
22                  path: '/hirenum',
23                  component: (resolve) => require(['@/views/ hirenum/index.vue'],
resolve),
24                  name: '招人名额管理',
25                  meta: { title: '招人名额管理' }
26                }
27              ]
28          },
```

前面定义的两个二级菜单分别是"薪资标准管理"和"招人名额管理"，它们分别定义在一级菜单的children部分，由于这两个二级菜单对应的一级菜单都是"信息管理"，因此这里实现了一个一级菜单关联多个二级菜单的效果。

在左侧导航栏组件中，定义部门信息管理菜单的代码和定义薪资标准管理的代码如下：

```
01  <el-menu-item index="/dept_info">部门信息管理</el-menu-item>
02  <el-menu-item index="/salary_level">薪资标准管理</el-menu-item>
```

结合左侧导航组件和src/route/index.js路由模块的代码，大家能看到，路由模块中的path参数需要和左侧导航组件中菜单的index参数值一一对应，这样该菜单就能对应由component参数指定的业务模块，从而就能实现"菜单文字"和"业务模块"的对应关系。

在该路由模块定义路由关系的src/router/index.js文件中，其实还用path和component的形式定义了其他的菜单和业务模块的对应关系，相关代码如下，由于这部分的代码和前面的代码很相似，所以就不再重复讲解了。

```
01  {
02              path: '',
03              component: Layout,
04              name: '员工管理',
05              meta: { title: '员工管理' },
```

```
06              children: [
07                {
08                  path: '/employee',
09                  component: (resolve) => require(['@/views/employee/index.vue'],
resolve),
10                  name: '员工信息管理',
11                  meta: { title: '员工信息管理' }
12                }
13              ]
14          },
15          {
16              path: '',
17              component: Layout,
18              name: '员工管理',
19              meta: { title: '员工管理' },
20              children: [
21                {
22                  path: '/employee_kpi',
23                  component: (resolve) => require(['@/views/
employee_kpi/index.vue'], resolve),
24                  name: '员工评价管理',
25                  meta: { title: '员工评价管理' }
26                }
27              ]
28          },
```

除此之外，在src/router/index.js路由文件中，还通过如下代码定义了登录页面和首页的路由关系，这样/login请求就能和@/views/login登录模块相对应，而/index请求就能和@/views/index首页模块相对应。

```
01      path: '/login',
02      component: (resolve) => require(['@/views/login'], resolve),
03      hidden: true
04    },
05    {
06      path: '/index',
07      component: Layout,
08      redirect: '/index',
09      children: [
10        {
11          path: '/index',
12          component: (resolve) => require(['@/views/index'], resolve),
13          name: 'Index',
14          meta: { title: '首页', isFixed: true }
15        }
16      ]
17    }
```

也就是说，本前端项目是通过左侧导航菜单整合路由文件的做法实现了基于菜单项目的路由导航效果。

另外，在src/router/index.js文件中，还需要用如下代码初始化上文定义的名为constantRoutes的Router实例。

```
01  export default new Router({
02    routes: constantRoutes
03  })
```

根据在main.js和App.vue中关于Router路由的配置，Vue.js前端项目启动会初始化Router实例，在这个时刻，会根据这部分代码的配置把在constantRoutes中定义的路由配置加入缓存，从而实现左侧导航组件中的菜单导航效果。

5.4 业务功能组件分析

表5-1整理了本项目的所有前端功能模块的相关信息，每个模块实现了针对该业务的增删改查功能。

表 5-1 前端业务功能模块一览表

实现的功能	路　　径	封装业务功能的 JS 文件
实现部门信息的增删改查	src/views/dept_info/index.vue	src/api/dept_info.js
实现薪资标准的增删改查	src/views/salary_level/index.vue	src/api/salary_level.js
实现招人名额信息的增删改查	src/views/hirenum/index.vue	src/api/hirenum.js
实现员工信息的增删改查	src/views/employee/index.vue	src/api/employee.js
实现员工考核信息的增删改查	src/views/employee_kpi/index.vue	src/api/employee_kpi.js

在本书的第3章已经讲述了部门管理模块中包含的前端代码，从中大家能看到该业务模块的前端样式以及组件构成，而本项目的其他业务模块的前端样式和部门管理模块的很相似，所以不再重复讲述，大家可以自行阅读相关代码。

在阅读这些业务功能相关的组件代码时，请大家注意如下要点：

（1）通过基于element-ui的文本框、选择框和命令按钮等控件接收用户提交的请求。

（2）在各前端模块中，通过<el-table>控件以表格的形式展示业务数据。

（3）通过基于SCSS的样式代码定义前端元素的展示样式。

（4）在处理"添加业务数据"和"修改业务数据"的场景中，用到了el-dialog弹出框控件，而在其他业务场景中，弹出框控件处于隐藏状态。

（5）在对应的JS代码中，调用了后端Spring Boot框架层提供的方法，实现了对业务数据的增删改查操作，调用后能把更新后的业务数据动态展示到前端页面。

5.5　汇总组件，布局前端页面

前面讲述了人事管理系统的诸多前端组件，有实现前端效果的Hamburger等组件，实现左侧导航效果的SideBar组件，也有实现业务功能的dept_info等组件，这些组件是通过src/view/layout目录中的index.vue实例整合到一起的，以构成整体的前端展示效果。

5.5.1　App.vue 入口程序

本前端项目的入口程序是在src目录下的App.vue文件，该文件的代码如下：

```
01 <template>
02   <div id="app">
03     <router-view />
04   </div>
05 </template>
06
07 <script>
08 export default {
09   name: 'App',
10     metaInfo() {
11         return {
12             title: 人事管理系统,
13             titleTemplate: 人事管理系统
14         }
15     }
16 }
17 </script>
```

在该文件的第3行中引入了该前端项目所需要的路由组件，在该文件的第12行和第13行中定义了两个全局变量。

当然，前文已经提到，这里还需要通过第2～4行的代码引入Router路由组件，否则前端基于该路由组件的菜单导航效果就无法实现。

5.5.2　在 main.js 中引入资源

在本项目的src/main.js中，一方面引入了绘制前端组件时所需要的SCSS样式文件，另一方面引入了其他组件会用到的分页组件，相关代码如下：

```
01   import Vue from 'vue'
02   import Element from 'element-ui'
03   import './assets/styles/element-variables.scss'
04   import '@/assets/styles/index.scss'
```

```
05  import App from './App'
06  import router from './router'
07  import store from './store'
08  import './permission'
09  import { resetForm } from "@/utils/index";
10  // 引入分页组件
11  import Pagination from "@/components/Pagination";
12  // 引入重设表单的组件
13  Vue.prototype.resetForm = resetForm
14  // 全局组件挂载
15  Vue.component('Pagination', Pagination)
16  Vue.use(Element, {
17    size: 'medium'
18  })
19  new Vue({
20    el: '#app',
21    router,
22    store,
23    render: h => h(App)
24  })
```

其中通过第1~11行的import语句引入了前端各元素需要使用的SCSS样式文件和诸如router路由等的通用类组件，随后通过第13~15行代码引入了在业务组件中需要用到的表单重设组件和分页组件，之后通过第16~18行代码全局性地定义了相关前端元素的尺寸是medium。

在该JS文件的第19~24行代码中，还定义了全局入口程序App.vue实例的初始化方式，从中能看到，初始化本前端项目时，需要引入路由router参数和用于数据存储和传输的store参数。

5.5.3　在 layout 实例中布局前端元素

该Vue.js前端项目会根据src/view/layout/index.vue文件中的设置布局前端组件，相关代码如下：

```
01  <template>
02    <div :class="classObj" class="app-wrapper" >
03      <sidebar class="sidebar-container"/>
04      <div class="main-container">
05        <div>
06          <navbar />
07          <tags-view />
08        </div>
09        <app-main />
10      </div>
11    </div>
12  </template>
13  <script>
14  import { AppMain, Navbar, Sidebar, TagsView } from './components'
15  import { mapState } from 'vuex'
16  export default {
```

```
17    name: 'Layout',
18    components: {
19      AppMain,
20      Navbar,
21      Sidebar,
22      TagsView
23    },
24    computed: {
25      ...mapState({
26        sidebar: state => state.app.sidebar
27      }),
28      classObj() {
29        return {
30          hideSidebar: !this.sidebar.opened,
31          openSidebar: this.sidebar.opened
32        }
33      }
34    }
35  }
36  </script>
```

这里先通过第14行的import语句引入了待布局的相关组件,在此基础上,通过第1~12行代码设置了sidebar等组件的位置,这样设置完成后,菜单导航栏会放在页面的左端,Navbar和TagsView组件会放在页面的上方,而在页面的主体位置,会用<app-main />组件来容纳各业务组件和index首页组件,基于该layout文件的前端布局效果如图5-8所示。

此外,在该文件的第24~34行的computed元素中通过hideSiderbar和openSidebar这两个变量来定义左侧菜单的状态,由此实现和上方Hamburger组件的联动效果。

图 5-8　基于 layout 文件前端布局的效果图

5.6　实　践　练　习

(1)运行本章的所有范例,了解本章提到的各组件的功能,在此基础上了解通过layout文件布局前端页面效果的做法。

（2）在阅读5.3节内容的基础上，修改左侧菜单项的文字，把"回到首页"的文字修改成"首页"，把"部门信息管理"的文字修改成"部门管理"，这些文字所对应的超链接地址无须变动。

（3）页面上方退出登录的样式如图5-8所示，通过更换图片的方式修改该组件的图标，同时把"退出登录"的文字修改成"退出"，修改后需要确保该组件依然能正常工作。

第 6 章
用Vuex实现组件间的交互

在前端项目中，经常会遇到多个组件共同读写某数据的场景，并且这些组件还需要根据该数据值的变动而做响应的操作。比如在本书所用的人事管理系统中，左侧导航栏会通过特定的数值标识自己处于拉伸还是收缩状态，而上方的 Hamburger 组件则根据该数值决定三角形按钮的朝向。

也就是说，在前端项目中，有必要全局性地通过变量等方式来协调各相关组件间的状态，同时全局性地实现相关组件间的数据交互。

通过引入 Vuex 组件能很好地解决上述问题：一方面，Vuex 组件能全局性地存储和管理相关组件间需要共享的数据；另一方面，当这些共享数据的值发生变更时，Vuex 组件能及时通知相关组件，从而让相关组件执行对应的操作。

6.1　Vuex组件分析

Vuex 是个基于Vue.js前端项目的状态管理组件，它采用集中管理的方式来存储和管理前端项目相关组件的状态，当（组件的）状态发生变更时，会根据由代码制定的规则确保关联组件的状态也对应地发生变化，在前端项目中，一般是通过Vuex来实现相关组件的联动操作的。

6.1.1　Vuex 的重要对象

从开发角度来看，程序员能通过比较简洁的Vuex代码实现较为复杂的多组件间交互，从应用角度来看，在前端项目中，一般使用Vuex组件来管理多组件都需要用到的共享数据。从Vuex的构成角度来看，该组件包含如下5个重要对象。

- state：该对象用来统一定义共享的数据。

- mutations：一般通过该对象来修改数据。
- getters：一般通过该对象来获取由其他组件定义的共享数据。
- actions：一般通过该对象发起异步请求操作，从而修改相关组件的状态。
- modules：是封装state、mutation、getters和action对象的模块。

在第5章讲解Vue组件的文字中，大家已经能看到Vuex组件的相关语法，本章围绕"数据交互"这个主题着重讲述Vuex及其对象的相关用法。

6.1.2　搭建 Vuex 开发环境

这里讲一下，在用vue create命令创建空白Vue项目时引入Vuex组件的做法。

步骤01　在你想要创建项目的路径中，输入命令vue create vuedemoprj，其中vuedemoprj是待创建空白项目的名字。

步骤02　在随后出现的配置提示界面中，选择Manually select features项，这样就能以手动选择的方式在创建空白项目时引入各种所需的组件，具体效果如图6-1所示。

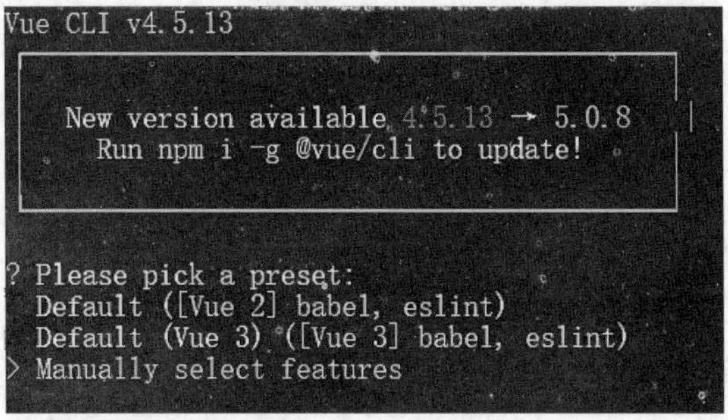

图 6-1　设置手动配置的效果图

步骤03　在随后弹出的界面中，选中Vuex选项，这样就能在新创建的项目中引入Vuex组件，具体效果如图6-2所示。

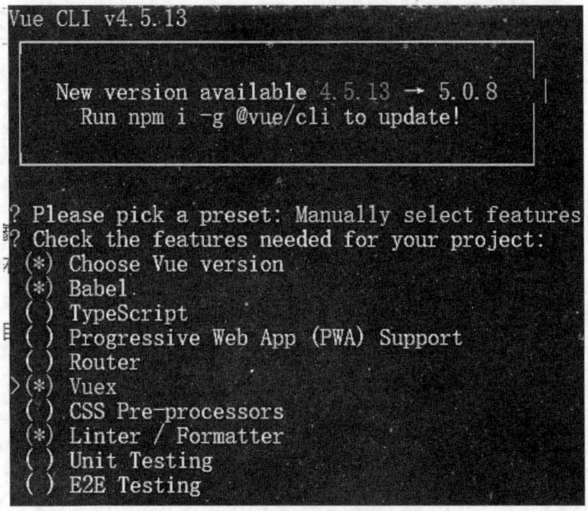

图 6-2　引入 Vuex 的效果图

随后的设置与Vuex无关，大家可以选择默认值。这样当vuexdemoprj项目创建完成后，大家能在该项目的package.json中看到如下代码，即在该项目中引入了Vuex 4.0.0版本。

```
"vuex": "^4.0.0-0"
```

同时，能在项目的src/store目录中看到index.js文件，其中有如下的初始化代码，在其中程序员能定义全局化的state和mutations等属性。

```
01  import { createStore } from 'vuex'
02  export default createStore({
03    state: {
04    },
05    mutations: {
06    },
07    actions: {
08    },
09    modules: {
10    }
11  })
```

6.2　Vuex使用说明

在创建本书所使用的人事管理系统前端项目时，其实也是按照6.1.2节的步骤引入Vuex组件，而且还在此基础上，在项目中编写了通过Vuex实现组件间交互的代码。而在本章的后续部分，会在vuexdemoprj这个空白项目中讲述Vuex组件及其对象的用法。

6.2.1　state 对象使用分析

Vuex组件中的state对象可以用来全局性地存储和传递数据，在前面提到的src/store/index.js文件中，可在state部分定义vuedemoprj项目范围内的全局化数据，相关代码如下：

```
01  import { createStore } from 'vuex'
02  export default createStore({
03    state: {
04      status: 'in progress',
05      totalValue: 100
06    },
07    mutations: {
08    },
09    actions: {
10    },
11    modules: {
12    }
13  })
```

其中通过第4行和第5行代码定义了status和totalValue这两个全局变量，并赋予了对应的值。

观察一下vuedemoprj项目的入口程序App.vue，通过如下代码能看到，该项目的初始化页面是由HelloWorld.vue实例定义的。

```
01  <script>
02  import HelloWorld from './components/HelloWorld.vue'
03  export default {
04    name: 'App',
05    components: {
06      HelloWorld
07    }
08  }
09  </script>
```

打开HelloWorld.vue文件，用如下代码覆盖原来的代码，其中用第3行和第5行的代码展示了status和totalValue这两个值，而这两个值是在第13行和第16行的代码位置，从state对象中获取到的，从中大家能看到，在state对象中定义的属性值能跨文件使用。

```
01  <template>
02    <div>
03      Current Status:{{status}}
04      <br/>
05      Total Value:{{totalValue}}
06    </div>
07  </template>
08  <script>
09  export default{
10      name: 'HelloWorld',
11      computed: {
12          status() {
13              return this.$store.state.status
14          },
15          totalValue(){
16              return this.$store.state.totalValue
17          },
18      }
19    }
```

在命令行进入vuedemoprj项目所在的目录，并用npm run serve命令启动该项目，在浏览器中输入localhost:8080打开该项目的启动页面后，可以看到如图6-3所示的效果。从中大家能看到status和totalValue这两个变量的值，由此能看到通过state定义和使用全局变量的做法。

图6-3 通过state属性全局化传递属性的效果图

6.2.2　与 computed 整合

从上述代码可以看到，state对象其实是和computed整合到一起的，相关代码如下：

```
01  computed: {
02        status() {
03            return this.$store.state.status
04        },
05        totalValue(){
06            return this.$store.state.totalValue
07        },
08    }
```

computed是Vue中的计算属性，该关键字的含义是，其中的属性发生变化时，会重新计算并引入新值，反之会把其中的属性缓存起来，无须再次计算。

各前端页面使用基于vuex的全局属性时，第一，需要缓存该属性，这样就不需要每次都去读取，第二，当该属性发生变化时需要重新拉取，所以在不少前端项目中会整合性地使用computed关键字和基于Vuex的诸多属性。

6.2.3　getter 和 mapGetters

前面演示了直接获取并展示基于Vuex全局化属性的做法，在不少场景中，需要对这些全局属性做适当处理，然后展示。

固然可以在每个Vue实例的computed等位置添加针对全局属性的处理函数，但是如果这种处理逻辑是通用的，那么可以通过getter对象来统一编写针对特定全局属性的处理逻辑。

比如在state中定义的全局变量salary，在获取该值时需要统一做乘以1.5来处理，那么可以在src/store/index.js文件中添加相应的getter方法，在其中对salary变量做统一性的操作。修改后的index.js代码如下：

```
01  import { createStore } from 'vuex'
02  export default createStore({
03    state: {
04      status: 'in progress',
05      totalValue: 100,
06      salary: 10000
07    },
08    getters: {
09      getterSalary(state){
10          return state.salary *= 1.5
11      }
12    },
13    mutations: {
14    },
15    actions: {
```

```
16      },
17      modules: {
18      }
19   })
```

其中在第6行的state对象中添加了salary属性，同时通过第8～12行代码编写了针对该salary属性的getters方法。同时，修改HelloWorld.vue文件，修改后的代码如下：

```
01  <template>
02    <div>
03      Current Status:{{status}}
04      <br/>
05      Total Value:{{totalValue}}
06      <br/>
07      salary:{{getSalary}}
08    </div>
09  </template>
10  <script>
11  export default{
12      name: 'HelloWorld',
13      computed: {
14          status() {
15              return this.$store.state.status
16          },
17          totalValue(){
18              return this.$store.state.totalValue
19          },
20          getSalary(){
21              return this.$store.getters.getterSalary
22          }
23      }
24    }
25  </script>
```

其中在第7行展示了修改后的salary属性值，在第21行的代码中，通过$store.getters方法获取到了修改后的全局变量salary，修改后运行该项目，能看到如图6-4所示的效果。

图 6-4　通过 getters 获取修改后的属性效果图

在实际使用场景中，还可以用mapGetters把全局属性的getter对象映射到computed属性中，比如可以把HelloWorld.vue文件修改成如下样式，运行后同样可以看到如图6-4所示的效果。

```
01  <template>
02    <div>
03      Current Status:{{status}}
04      <br/>
05      Total Value:{{totalValue}}
06      <br/>
07      salary:{{getterSalary}}
08    </div>
09  </template>
10  <script>
11  import { mapGetters } from "vuex";
12  export default{
13      name: 'HelloWorld',
14      computed: {
15          status() {
16              return this.$store.state.status
17          },
18          totalValue(){
19              return this.$store.state.totalValue
20          },
21          ...mapGetters(['getterSalary'])
22      }
23    }
24  </script>
```

这里首先在第7行中用{{getterSalary}}的方式获取全局属性，随后在第21行的代码中，通过mapGetters方式把在index.js中定义的getterSalary对象映射到该实例的computed中，当然为了使用mapGetters，还需要用第11行的import方法引入mapGetter属性，从中大家能看到用mapGetters的方式获取基于Vuex全局变量的做法。

6.2.4 用 mutation 修改全局属性

可以通过mutation对象来修改基于Vuex的全局属性，比如可以在vuedemoprj项目的index.js文件中，在mutation对象中添加如下更改status全局属性的代码：

```
01  import { createStore } from 'vuex'
02  export default createStore({
03    state: {
04      status: 'in progress',
05      totalValue: 100,
06      salary: 10000
07    },
08    getters: {
09      getterSalary(state){
10        return state.salary *= 1.5
```

```
11          }
12      },
13      mutations: {
14          setStatus(state, value){
15              return state.status = value.newStatus
16          }
17      },
18      actions: {
19      },
20      modules: {
21      }
22  })
```

这里在第13～17行的mutations对象中添加了setStatus方法，该方法的第一个参数是state对象，第二个参数是value，在该方法第15行代码中，通过state.status=value.newStatus来更改存储在state对象中的status全局属性。

随后可以更改HelloWorld.vue文件，在其中添加调用setStatus方法更改status属性的代码，修改后的代码如下：

```
01  <template>
02    <div>
03      Current Status:{{status}}
04      <br/>
05      Total Value:{{totalValue}}
06      <br/>
07      salary:{{getterSalary}}<br/>
08      <button @click="start()">Start</button>
09      <button @click="complete()">Complete</button>
10    </div>
11  </template>
12  <script>
13  import { mapGetters } from "vuex";
14  export default{
15      name: 'HelloWorld',
16      computed: {
17          status() {
18              return this.$store.state.status
19          },
20          totalValue(){
21              return this.$store.state.totalValue
22          },
23          ...mapGetters(['getterSalary'])
24      },
25      methods: {
26          start(){
27              this.$store.commit("setStatus",{newStatus:'start'})
28          },
29          complete(){
30              this.$store.commit("setStatus",{newStatus:'completed'})
31          }
```

```
32          }
33        }
34  </script>
```

这里首先通过第8行和第9行的代码添加了两个命令按钮,同时设置了它们的click事件处理函数。

随后在第25~32行的methods中实现了两个命令按钮的click事件处理函数,在其中,通过this.$store.commit的方式来修改全局性的status属性。该方法的第一个参数是setStatus,表示通过调用该方法来重设status值,第二个参数是键—值对类型,其中newStatus是键,后面的start或completed是值。

需要注意的是,这里的newStatus对应的是setStatus方法中的第二个参数value,所以在setStatus方法,通过state.status = value.newStatus的方式来重设state值。

修改后再运行HelloWorld.vue实例,能看到如图6-5所示的效果。其中能看到两个命令按钮,单击任意一个后,能看到全局属性state的值发生变更,从中大家能看到用mutation对象修改全局属性的效果。

Current Status:start
Total Value:100
salary:15000
Start | Complete

图 6-5　通过 mutation 对象修改全局属性的效果图

6.2.5　用 action 异步修改全局属性

action对象的作用和前面提到的mutation对象很相似,都可以用来修改Vuex中的数据,不过action对象还可以用异步操作的方式来修改数据。这里异步操作的含义是,方法执行完成后,不是立即返回数据,而是先发起一个事件或请求,等事件或请求返回后再返回数据。

在vuedemoprj项目中的index.js文件中,可在action对象中添加如下以异步方式更改status全局属性的代码。

```
01  import { createStore } from 'vuex'
02  export default createStore({
03    state: {
04      status: 'in progress',
05      totalValue: 100,
```

```
06        salary: 10000
07     },
08     getters: {
09        getterSalary(state){
10          return state.salary *= 1.5
11        }
12     },
13     mutations: {
14        setStatus(state, value){
15          return state.status = value.newStatus
16        }
17     },
18     actions: {
19       setStatusAsync(vuexObj){
20          setTimeout( ()=>{
21            vuexObj.commit("setStatus", {
22                newStatus:'start'})
23          },2000)
24       }
25     },
26     modules: {
27     }
28   })
```

其中第18~25行的代码是新添加的，在其中通过setStatusAsync方法以异步的方式修改了全局属性status。在该异步方法中，通过第20行的setTimeout方法发起了延时2秒的事件，只有当该事件返回后，setStatusAsync方法才通过第21行的commit方法重设state值。

随后可以更改HelloWorld.vue文件，在其中添加调用setStatusAsync方法，以异步的方式更改status属性的代码，修改后的代码如下：

```
01   <template>
02    <div>
03      Current Status:{{status}}
04      <br/>
05      Total Value:{{totalValue}}
06      <br/>
07      salary:{{getterSalary}}<br/>
08      <button @click="start()">Start</button>
09      <button @click="complete()">Complete</button>
10      <br/>
11      <button @click="startAsync()">Start Async</button>
12    </div>
13   </template>
14   <script>
15   import { mapGetters } from "vuex";
16   export default{
17       name: 'HelloWorld',
18       computed: {
19          status() {
20             return this.$store.state.status
```

```
21              },
22          totalValue(){
23              return this.$store.state.totalValue
24          },
25          ...mapGetters(['getterSalary'])
26      },
27  methods: {
28      start(){
29          this.$store.commit("setStatus",{newStatus:'start'})
30      },
31      complete(){
32          this.$store.commit("setStatus",{newStatus:'completed'})
33      },
34      startAsync(){
35          this.$store.dispatch("setStatusAsync")
36      }
37      }
38      }
39  </script>
```

这里在第11行添加了Start Async按钮，该按钮的事件处理函数是startAsync，随后在第34～36行代码中定义了该事件处理函数，具体是通过this.$store.dispatch的方式调用定义在actions中的setStatusAsnyc异步处理方法。

修改后再运行HelloWorld.vue实例，能看到如图6-6所示的效果。其中能看到新增了一个Start Async按钮，单击该按钮后，能看到全局属性state的值，不是立即变化，而是在2秒后发生变更，从中大家能看到用action对象以异步的方式修改全局属性的效果。

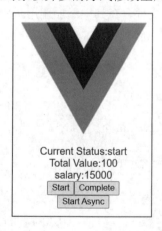

图 6-6　通过 action 修改全局属性的效果图

6.3　Vuex在人事管理项目中的用例

在基于Vue框架的人事管理系统的前端项目中，其实也用到了Vuex来存储和传输全局化的属性，其相关要点说明如下。

要点1，为了使用Vuex组件，需要在package.json的dependencies部分引入Vuex组件，本项目使用的是3.6.0版本。

要点2，在src/store/index.js中，通过如下代码定义了需要在全局范围内传递的对象和属性。

```
01  import Vue from 'vue'
02  import Vuex from 'vuex'
03  import app from './modules/app'
04  import user from './modules/user'
05  import tagsView from './modules/tagsView'
06  import getters from './getters'
07  Vue.use(Vuex)
08  const store = new Vuex.Store({
09    modules: {
10      app,
11      user,
12      tagsView
13    },
14    getters
15  })
16  export default store
```

具体来说，这里通过第9～13行的modules对象定义了需要在全局范围内传递的user等对象。

要点3，在src/store/getters.js中定义针对各全局属性的getter方法，相关代码如下：

```
01  const getters = {
02    sidebar: state => state.app.sidebar,
03    visitedViews: state => state.tagsView.visitedViews,
04    cachedViews: state => state.tagsView.cachedViews
05  }
06  export default getters
```

结上所述，通过index.js和getters.js中的定义，本前端项目中的诸多组件就能获取其中定义的全局属性值，比如在tagView组件中，能够通过如下代码获取定义在store对象中的visitedViews属性值，并用此展示当前正在被访问的菜单路径。

```
01    computed: {
02      visitedViews() {
03        return this.$store.state.tagsView.visitedViews
04      },
05    },
```

要点4，在src/store/modules目录中定义了tagsView等全局属性的state和mutation方法，比如在其中的tagsView.js文件中有如下代码片段，在其中的state对象中定义了针对tagVuew组件的全局属性visitedViews，在其中的mutation对象中定义了针对visitedViews属性的各项操作。

```
01  const state = {
02    visitedViews: []
03  }
04  const mutations = {
```

```
05    ADD_VISITED_VIEW: (state, view) => {
06     if (state.visitedViews.some(v => v.path === view.path)) return
07     state.visitedViews.push(
08      Object.assign({}, view, {
09        title: view.meta.title || '标签'
10      })
11     )
12    },
```

这样一来，在左侧导航栏中，就能通过调用上述mutation对象中的方法实现菜单和页面上方的tagView组件的联动效果。

6.4 实 践 练 习

（1）运行本章所有范例，了解Vuex组件及其关键对象的用法。

（2）在阅读6.2.3节内容的基础上，在Vuex的state中创建一个名为rate的全局属性，并给该属性赋予Good的初始值。同时，修改HelloWorld.vue代码，在其中用mapGetters的方式获取并展示rate全局属性。

（3）在阅读6.2.4节内容的基础上，在Vuex的mutation中编写一个更改rate全局属性的方法，更改后的值由参数传入。同时，修改HelloWorld.vue代码，在其中通过调用该mutation方法修改并展示rate属性值。

第 **7** 章

搭建Spring Boot项目的
基本框架

本书给出的人事管理系统是一个全栈案例，之前章节更多的是讲前端开发技术，从本章开始，将讲述后端开发和前后端交互的相关技术。

本章首先讲述 Spring Boot 框架的基本开发技能，包括 Spring Boot 框架的基本构成、安装 Spring Boot 开发环境的完整步骤以及搭建 Spring Boot 脚手架项目的基本做法，同时在此基础上带领大家熟悉人事管理系统后端项目的基本结构。

通过本章的学习，大家不仅能做好后端项目开发的相关准备工作，还能通过 Spring Boot 脚手架项目掌握后端开发的基本技巧，这将为之后的后端技能学习打好扎实的基础。

7.1　Spring Boot概述

Spring Boot是后端开发框架，从功能角度来讲，该框架能高效整合单元测试、日志、缓存和分布式组件等，从业务角度来讲，该框架能高效地整合前端，构建出包含界面的全栈系统。

和同为后端开发框架的SSM相比，Spring Boot框架不仅同样包含各种基于Spring框架的优秀特性，而且还能通过各种注解语法大量减少配置项目参数的工作量。所以当下越来越多的Java项目会用Spring Boot搭建后端业务系统。

7.1.1　Spring Boot 是什么

Spring Boot是一套封装了各种Web调用细节的后端开发框架，该框架通过简化配置和开箱即用的特性，大大提升了基于Web后端应用项目的搭建和开发过程。

从企业开发项目的角度来看，Spring Boot框架提供的内嵌容器和兼容Maven等功能，能让程序员在开发项目时，无须过多关注请求跳转和服务配置等相关细节，从而能更多地集中于业务功能的实现。而且，Spring Boot框架还能通过整合分布式中间件和微服务中间件的方式，让程序员以较小的代价实现业务扩容工作。

不仅如此，Spring Boot后端框架能以基于HTTP协议的方式对外提供接口，从而能让各种前后端的交互动作更加顺畅。

7.1.2　Spring Boot 架构与 MVC 模式

从底层实现细节来看，Web项目需要频繁地实现请求跳转、业务实现和数据展示等动作，如果要求程序员自己实现这些动作，那么项目开发的难度就会大大增加。所以在Web项目中，一般会引入如图7-1所示的基于MVC的Web应用框架。

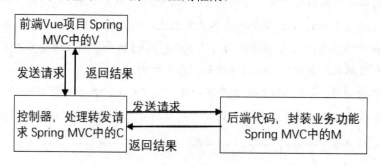

图 7-1　MVC 模式示意图

在MVC框架中，由于分离了前端、前后端交互和后端等功能模块，因此能很好地封装各种Web通信细节，从而能很好地提升项目开发效率。

Spring Boot是基于MVC的框架，从项目构造角度来看，该框架还能在MVC模式的基础上进一步细分成"控制器层""服务提供层"和"数据服务层"，具体效果如图7-2所示。

其中各模块的作用描述如下。

（1）控制器层，一般会通过@RequestMappingd注解指定控制器类中的方法可以处理哪些格式的URL请求。

（2）服务提供层，一般会封装诸多业务方法。

（3）数据服务层，一般会封装针对数据库的操作动作，会用到JPA或MyBatis等组件。

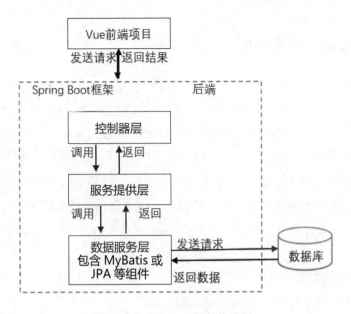

图 7-2　Spring Boot 框架构建图

这种基于MVC模式的"分层"做法，能让程序员把不同类型的代码放到对应的模块中，这样能进一步降低模块和类之间的耦合度，从而更好地提升项目的可维护性。

7.1.3　Spring Boot 与前端项目的交互方式

在开发基于Vue.js和Spring Boot全栈项目的前后端交互时，一般需要注意如下要点：

（1）在Spring Boot项目的控制器层，用@urlmapping等方法定义对外服务的接口，这些接口一般是基于HTTP或HTTPS协议的。

（2）前端一般可以用Ajax或Axion等组件向后端发送请求，而且一般是用异步的方式接收并处理请求的。

（3）由于前后端对外提供服务的域名、端口或协议未必相同，因此在前后端交互时需要考虑跨域问题。

（4）在联调前后端功能前，可通过swagger或postman等方式确认后端服务是否可用，或者当前端Vue.js页面调用后端接口发生错误时，也可以通过Postman等工具来重现问题。

在本书的后续章节中，会由专门的内容讲述前端通过axion组件调用后端服务的实战技巧。

7.2　搭建Spring Boot开发环境

为了开发Spring Boot项目，首先需要在计算机上搭建开发环境。本书所用的开发环境是JDK和IDEA集成开发环境，同时使用IDEA中自带的Maven组件来管理项目的依赖包。

7.2.1　安装 JDK 开发环境

　　JDK 是 Java 的 开 发 环 境， 其 英 文 全 称 是 Java Development Kit，本书采用的是JDK11开发版本，可到官 网下载JDK 11安装包。比如JDK基于Windows 64位操作系 统的安装包如图7-3所示。

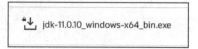

图 7-3　JDK 安装包的示意图

　　下载完成后，可根据提示完成安装。安装完成后，需要在计算机中配置JAVA_HOME环 境变量，用来描述JDK的安装路径JAVA_HOME环境变量，具体步骤如下：

步骤 01 右击"我的电脑"，在随后弹出的菜单列表中选择"属性"，之后再单击"高级系统设置"， 如图7-4所示。

图 7-4　单击"高级系统设置"的效果图

步骤 02 在弹出的窗口中，单击"环境变量"，具体效果如图7-5所示。

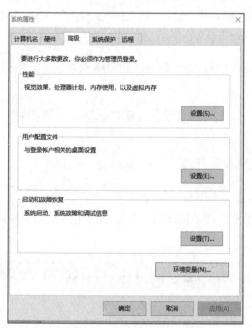

图 7-5　单击"环境变量"的效果图

步骤 **03** 在"环境变量"窗口单击"新建"按钮，就能看到如图7-6所示的窗口，在该窗口中可配置JAVA_HOME环境变量。

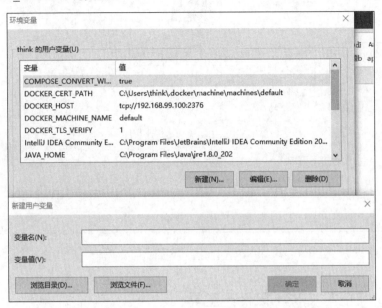

图 7-6 新建 JAVA_HOME 环境变量的效果图

步骤 **04** 在配置前，需要先确认JDK的安装路径，比如笔者计算机上是C:\Program Files\Java\jdk-11，然后在图7-6的变量名一栏中填写JAVA_HOME，在"变量值"一栏中填写C:\Program Files\Java\jdk-11，具体效果如图7-7所示。

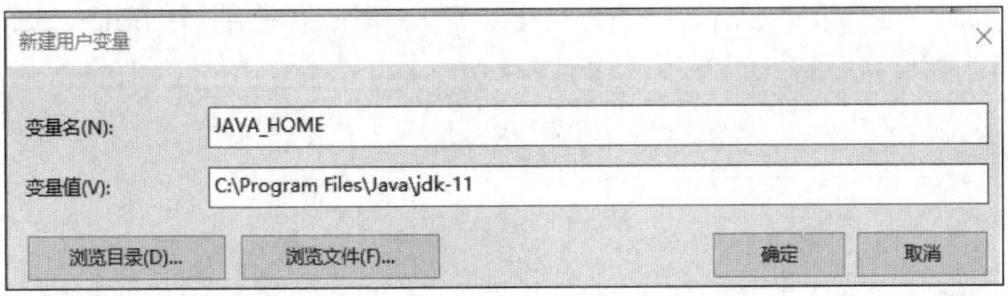

图 7-7 配置 JAVA_HOME 环境变量的效果图

由于本书会用IDEA集成开发环境来开发Spring Boot项目，在该集成环境中已经配置了Java命令所在的路径和依赖包所在的路径，因此就不需要在环境变量中配置PATH和CLASSPATH的相关路径了。

7.2.2 安装 IDEA 集成开发环境

本书所用的Java集成开发环境是IDEA，其全称是Intellij IDEA，该集成开发环境可从官网下载并安装。安装后打开IDEA，如果能看到如图7-8所示的效果，则确认安装成功。

由于IDEA集成开发环境包含项目管理、代码开发、Debug调试和打包部署等工具，因此能高效地开发Spring Boot项目，所以还是建议大家安装并使用该集成开发环境。

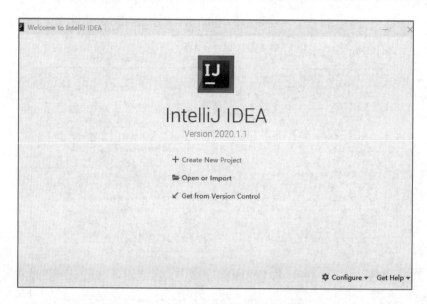

图 7-8　确认 IDEA 成功安装的效果图

7.2.3　确认 IDEA 集成 Maven 工具

Maven是一个比较流行的项目管理工具，通过Maven工具，程序员能方便地编译和部署项目，而且通过Maven的项目对象模型，程序员能高效地引入项目所需的依赖包。

本书所用的人事管理系统的后端Spring Boot项目都是用Maven工具来创建和管理的，IDEA集成开发工具是自带Maven工具的，可单击IDEA集成开发环境的File→Settings菜单，在Settings搜索栏中搜索maven，如果能看到如图7-9所示的界面，那就说明IDEA已经成功集成了Maven开发工具。

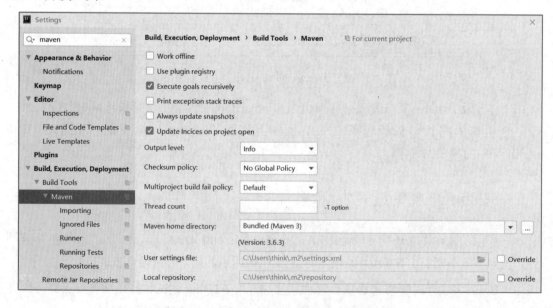

图 7-9　确认 IDEA 成功集成 Maven 的效果图

7.3 搭建脚手架项目

本节将讲述用IDEA工具搭建Spring Boot脚手架项目的实践要点，从中大家不仅能熟悉用Maven管理项目的流程，还能直观地看到Spring Boot项目的构成要件和对外提供服务的方式。

7.3.1 创建基于 Spring Boot 的脚手架项目

打开IDEA工具后，能看到如图7-8所示的初始化界面，在其中单击Create New Project菜单项，进入如图7-10所示的界面。在上方的Project SDK部分，确认使用的JDK版本是11，在此基础上选中左侧的Maven项。

图 7-10 通过 Maven 工具创建 Spring Boot 项目的效果图

单击界面下方的Next按钮，进入如图7-11所示的界面，在其中可以输入项目名和其他Maven项目的信息。

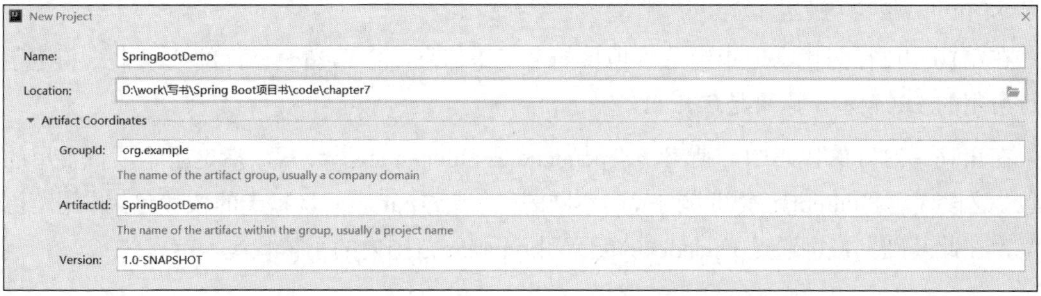

图 7-11 输入 Spring Boot 项目名的效果图

在图7-11中的Name文本框中，可输入项目名，这里是SpringBootDemo，在Location选择框中，大家可以选择本项目所在的路径，在其他的文本框中，可以用自带的默认值。在此基础上，大家可以单击该界面下方的Finish按钮完成项目的创建工作。

7.3.2　通过 pom 文件引入依赖包

由于该Spring Boot项目是用Maven工具管理的，因此需要通过pom.xml文件来管理该项目所需要的依赖包，相关代码如下：

```xml
01  <?xml version="1.0" encoding="UTF-8"?>
02  <project xmlns="http://maven.apache.org/POM/4.0.0"
xmlns:xsi="http://www.w3.org/2001/XMLSchema-instance"
xsi:schemaLocation="http://maven.apache.org/POM/4.0.0
http://maven.apache.org/xsd/maven-4.0.0.xsd">
03      <modelVersion>4.0.0</modelVersion>
04      <parent>
05          <groupId>org.springframework.boot</groupId>
06          <artifactId>spring-boot-starter-parent</artifactId>
07          <version>2.6.3</version>
08          <relativePath/>
09      </parent>
10      <groupId>org.example</groupId>
11      <artifactId>SpringBootDemo</artifactId>
12      <version>1.0-SNAPSHOT</version>
13      <properties>
14          <java.version>1.11</java.version>
15      </properties>
16      <dependencies>
17          <dependency>
18              <groupId>org.springframework.boot</groupId>
19              <artifactId>spring-boot-starter-web</artifactId>
20          </dependency>
21      </dependencies>
22  </project>
```

其中前3行是pom.xml文件自带的，在第4～9行的代码中，使用<parent>元素的形式指定了本项目的通用依赖包，从中能看到，本项目将使用2.6.3版本的spring-boot-starter-parent依赖包来开发Spring Boot代码。

在第10～12行的代码中指定了本项目的名字等信息，在第13～15行的代码中，指定了本项目所用的JDK版本，这里是JDK 11。

在第16～21行的代码中，使用了dependencies和dependency元素，指定了本项目要用的依赖包。这段代码和parent元素部分的代码不同的是，通过parent元素指定的依赖包，作用范围比较大，在此基础上，可通过dependency元素引入parent范围内的子依赖包。

7.3.3 编写启动类

Spring Boot项目是靠启动类来启动的，本项目的启动类放在demo这个package中，名为SpringBootApp.java，相关代码如下：

```
01  package demo;
02  import org.springframework.boot.SpringApplication;
03  import org.springframework.boot.autoconfigure.
SpringBootApplication;
04  @SpringBootApplication
05  public class SpringBootApp {
06      public static void main(String[] args) {
07          SpringApplication.run(SpringBootApp.class, args);
08      }
09  }
```

该类通过第2行和第3行的import语句导入了需要使用的依赖包。在第5行的主类前，需要用第4行的lication注解说明本类是Spring Boot项目的启动类。

在第6～8行的main函数中，需要像第7行那样通过SpringApplication.run方法来实现启动项目的效果，该方法的SpringBootApp.class参数需要和本类名完全一致。

7.3.4 编写控制器类

完成编写启动类以后，需要通过编写控制器类来接收并处理前端等外部环境发来的请求，本项目的控制器类名为Controller.java，同样是在demo这个package中，相关代码如下：

```
01  package demo;
02  import org.springframework.web.bind.annotation.RequestMapping;
03  import org.springframework.web.bind.annotation.RestController;
04  @RestController
05  public class Controller {
06      @RequestMapping("/hello")
07      public String sayHello(){
08          return "Hello";
09      }
10  }
```

在该类中，通过第4行的@RestController注解指定本类承担着Spring Boot项目的"控制器"效果。在第7行的sayHello方法前，通过第6行的@RequestMapping注解说明该方法将接收并处理格式为/hello的HTTP请求，而通过第8行的代码，说明该方法在收到请求后，将返回"Hello"字符串。

7.3.5　启动项目、发送请求并观察效果

按上述步骤完成开发Spring Boot脚手架项目后，可通过如下步骤启动项目，并观察运行结果。

步骤01 在空白处右击SpringBootApp.java文件，在随后弹出的菜单项中选中Run命令，如图7-12所示，这样能够启动该Spring Boot项目。

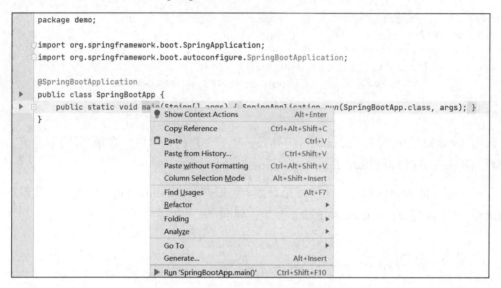

图 7-12　启动 Spring Boot 项目的效果图

成功启动该项目后，能在IDEA的控制台中看到Started SpringBootApp字样，且没有异常信息出现，相关效果如图7-13所示。

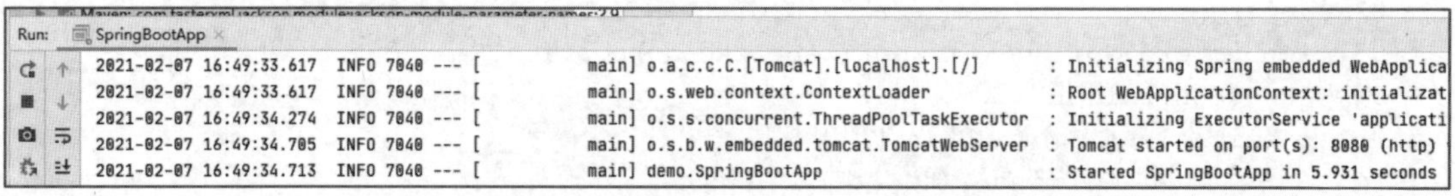

图 7-13　成功启动 Spring Boot 项目后，控制台的效果图

步骤02 成功启动后，可在浏览器中输入http://localhost:8080/hello，其中localhost:8080是该项目所工作的IP地址和端口号，而/hello则能和Controller类sayHello方法前的@RequestMapping对应上，从而触发sayHello方法，在浏览器中输出Hello的字样。

7.3.6　对 Spring Boot 项目的说明

从前面给出的Spring Boot脚手架项目中，大家可以看到基于Spring Boot的后端项目一般具有如下特性：

（1）需要在控制器类中编写对外提供服务的接口方法，当项目启动后，会监听指定端口的请求，如果收到的请求和@RequestMapping等注解匹配上，则会由该方法来处理该请求，并返回相应的结果。

（2）使用注解的方式来管理项目，比如使用@SpringBootApplication注解来指定启动类，用@RestController注解来指定控制器类。和通过用XML等方式管理的其他后端框架相比，基于注解的方式能提升开发项目的效率。

（3）通过运行启动类的方式来启动Spring Boot项目，启动后会监听指定端口，默认监听8080端口，一旦收到请求，会交由控制器类处理。

事实上，大多数Spring Boot项目还会通过组件实现如下功能，这也是后文将要讲述的重点。

（1）通过MyBatis和JPA等ORM组件和数据库交互，通过Redis组件实现缓存功能。

（2）通过Logback等组件输出日志，用Junit组件实现单元测试功能。

（3）通过Swagger组件统一展示对外的接口。

（4）通过Spring Security组件实现登录安全验证功能。

（5）更为重要的是，会在服务提供层和数据服务层编写代码实现各种业务功能。

7.4 人事管理后端项目结构概述

本书所讲的人事管理系统是个名为prj-backend的Maven项目，在该项目中，是用包（Package）的形式来管理不同类型的业务代码的，这样做能有效提升代码的可维护性和可扩展性，这些包的目录架构如图7-14所示。

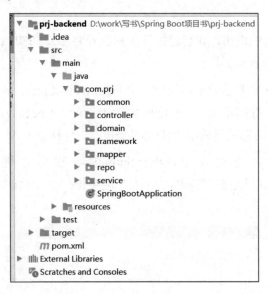

图 7-14 后端项目中的包目录效果图

在表7-1中列出了包和业务类型代码的对应关系。

表 7-1　包和业务类型代码的关系表

包　名	所放置的业务代码类型
common	放置了通用的参数和业务方法
controller	放置了针对各业务请求的控制类
domain	放置了各种业务实体类
framework	放置了框架级的类，比如与数据库和缓存交互的类
mapper	放置了针对 MyBatis 框架的映射关系类
service	放置了诸多实现业务功能的类

在该项目中，在resources目录中存放MyBatis和日志等相关的配置信息，该目录所包含的文件如图7-15所示，后面会逐一讲述各配置文件的相关内容。

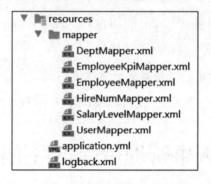

图 7-15　后端项目中配置文件效果图

7.5　实践练习

（1）按照7.2节给出的说明，在自己的计算机上安装JDK和IDEA，并确认IDEA集成开发环境已经正确地集成了Maven工具。

（2）在阅读7.3节内容的基础上，创建一个名为myFirstSpringBoot的Maven项目，在其中编写Spring Boot启动类和控制器类，并在控制器类中定义一个index方法，该方法在接收到GET类型的/index请求后，能向浏览器输出"Hello World"的字样。

（3）通过运行启动类启动myFirstSpringBoot项目，随后在浏览器中输入localhost:8080/index，确认能看到"Hello World"的字样，由此验证myFirstSpringBoot项目的正确性。

第 8 章
后端控制器和Swagger组件

后端项目一般是在控制器中定义对外提供服务的接口方法，相关方法在收到请求后，会调用服务层的方法，在完成增删改查的业务动作后，把结果再返回给前端页面。

在全栈项目中，前后端程序员需要事先确认各交互接口名和参数，前端程序员在使用接口前，还需要确认接口的正确性，所以后端程序员在完成开发各接口后，会通过 Swagger 组件展示后端接口，一方面用来展示，另一方面供前端程序员来验证功能。

通过本章的学习，大家能掌握后端 Spring Boot 项目对外提供服务的方法，在此基础上，大家能进一步掌握前后端交互的实战技巧。

8.1　通过HTTP协议对外提供服务

后端Spring Boot项目一般是接收并处理以http://开头的HTTP请求，而以https://开头的请求，在HTTP协议的基础上还加入了安全验证的动作。

确切地讲，前后端交互整个过程需要符合HTTP协议，前端请求格式需要符合HTTP协议，前端请求方法和传递参数的格式需要符合HTTP协议，而后端返回码和返回的数据也需要符合HTTP协议。

8.1.1　HTTP 协议概述

通俗地讲，HTTP协议用来规范前端发送给后端请求的格式，以及后端返回请求结果的格式。

HTTP是无状态的网络协议，即服务端无须保存客户端的状态，这样能确保服务的响应速度，HTTP也是面向对象的网络协议，即服务端和客户端之间能传送各种类型的数据对象。

前后端交互的符合HTTP协议的请求一般符合如下样式：

```
http://www.abc.com/path/index.asp? ID=123&page=1
```

其中包含如下关键要素：

（1）通过"http://"指定使用HTTP协议，此外有些请求会指定使用HTTPS协议。

（2）www.abc.com是域名，通过域名能对应到提供服务的主机，在一些场景中，会通过IP地址来映射提供服务的主机。

（3）path是提供服务的路径，index.asp是提供服务的文件名，而问号之后的ID和page是该HTTP请求所携带的参数。

该请求是直接传递参数，所以对应的请求方法是GET，GET类型的请求主要功能是查询数据。事实上，基于POST、DELETE和PUT方法的请求可以用来插入、删除和更新数据。

了解了HTTP协议以后，就能更好地掌握在控制器类编写接口方法的实战技巧。

8.1.2　HTTP 常用返回码

当Spring Boot等后端项目在处理好请求后，除要返回结果数据外，还要用HTTP返回码来说明本次请求的处理结果，常用的返回码如表8-1所示。

表 8-1　常用 HTTP 返回码说明表

返 回 码	说　　明
200	（Spring Boot 等服务端）正确地处理了请求
201	正确地按 Body 参数创建了对象
301	请求被重定向到其他 URL 地址
400	请求所携带的参数错误
404	找不到请求所对应的页面
500	服务器错误，无法返回请求
504	网关超时，无法返回请求

前端项目在收到返回的请求后，一般会先通过返回码确认该请求的正确性，如果返回码是500，则说明该请求错误，就需要进行对应的异常处理，如果返回码是200或201，则说明该请求已被后端正确地处理，此时前端就能用该返回码所携带的数据渲染页面。

8.1.3　HTTP 请求动作和增删改查请求

HTTP请求动作也叫HTTP方法，常用的请求动作有POST、DELETE、PUT和GET这4种，对应着增删改查这4类请求，表8-2给出了针对这些请求的说明。

表 8-2 基于 HTTP 协议的请求动作说明表

动 作	说 明
GET	用于定义"查询数据"类接口，此类请求一般会直接在 URL 中传递参数
POST	通过请求体（body）传递参数，一般用于定义"插入数据"类型的接口
PUT	一般用于定义"更新数据"类功能的接口
DELETE	一般用于定义"删除数据"类型的接口

前端项目在发送HTTP请求时，需要同时通过传递请求动作指定该请求的类型，事实上基于HTTP协议的请求动作不止这4种，但上述4种请求动作一般能涵盖大部分的HTTP请求。

8.2 实现后端控制器方法

在开发后端项目的控制器部分的代码时，需要注意如下三点：第一，用不同的控制器类封装不同业务的接口服务方法，这样便于项目的维护；第二，用合适的注解定义控制器类以及控制器方法和URL请求的映射关系；第三，用合适的注解定义实现增删改查的请求。

8.2.1 通过注解定义控制类

可以通过@RestController注解定义控制器类，同时可以通过@RequestMapping注解来定义控制器类以及控制器方法。比如在该后端项目中，是在DeptController.java类中封装关于"部门管理"的对外服务方法，定义该类时，需要用到这两种注解，相关代码如下：

```
01   @RestController
02   @RequestMapping("/dept_info")
03   public class DeptController extends BaseController
04   {
05       省略该类的定义代码
06   }
```

这里通过第2行的@RequestMapping注解说明该类会处理包含"/dept_info"路径的请求，当然在该类的内部代码中，还会用@GetMapping等注解定义具体方法可以处理的请求。

后端Spring Boot项目在启动时，会扫描项目中所有带@RestController注解的类，并把这些控制器类的信息存入Spring Boot容器。这样该项目在收到来自前端的请求后，会用请求路径匹配各控制器类的@RequestMapping等注解，找到能处理该请求的控制器方法，由对应的控制器方法解析参数并处理请求。

本后端项目包含多个由@RestController注解定义的控制器类，在这些控制器类中封装了不同业务的请求处理方法，表8-3列出了各控制器类的功能。

表 8-3　后端项目控制器类功能说明表

控制器类名	功　　能
DeptController	封装了处理部门管理相关的服务方法
EmployeeController	封装了处理员工管理相关的服务方法
EmployeeKPIController	封装了处理员工绩效管理相关的服务方法
HireNumController	封装了处理招聘管理相关的服务方法
SalaryController	封装了处理薪资管理相关的服务方法
CaptchaController	封装了处理验证码的服务方法
SysLoginController	封装了处理登录动作的服务方法

8.2.2　@GetMapping 注解与"查询"接口

在通过@RestController注解定义控制器类的基础上，还需要通过@GetMapping等注解定义控制器类中各方法所对应的URL请求。具体来说，由@GetMapping注解所修饰的方法一般用来对应GET类型的HTTP请求，在封装部门类服务接口的DeptController.java控制器类中，相关代码如下：

```
01  @RestController
02  @RequestMapping("/dept_info")
03  public class DeptController extends BaseController
04  {
05      @Autowired
06      private IDeptService deptService;
07      //查询部门信息管理列表
08      @GetMapping("/list")
09      public PageData list(Dept dept)
10      {
11          setPageParam();
12          List<Dept> list = deptService.selectDeptList(dept);
13          return getDataByPage(list);
14      }
15      //获取部门信息管理详细信息
16      @GetMapping(value = "/{id}")
17      public AjaxResult getInfo(@PathVariable("id") Long id)
18      {
19          return AjaxResult.success(deptService.selectDeptById(id));
20      }
21      省略其他POST等类型的方法
22  }
```

第8~14行的list方法使用@GetMapping注解修饰，该注解的值是list，结合第2行定义的@RequestMapping注解值大家可以看到，从前端发来的/dept_info/list请求会被该方法处理。

该方法先通过第11行的方法设置分页参数，然后在第12行的代码中，通过调用service层deptService对象的selectDeptList方法获取满足分页条件的部门信息，最后通过第13行的代码从得到的所有部门信息中返回指定页的数据。

而第16～20行的getInfo方法也是由@GetMapping注解修饰的，结合@RequestMapping注解，该方法可以处理前端发来的/dept_info/{id}请求，其中id是待查询的部门号，该方法会调用deptService对象的selectDeptById方法返回指定id的部门信息。

而且在该请求中，通过{id}的方式携带名为id的参数，并且getInfo方法的id参数是用@PathVariable("id")来修饰的，所以该方法的id参数其实和URL中的{id}部分相对应。比如从前端发来的请求是/dept_info/1，这里{id}所对应的值是1，那么getInfo方法其实是查询并返回id是1的部门数据。

通过上述代码可以看到，用@GetMapping注解修饰的方法可以处理由注解指定的"查询"类型的URL请求。

而在EmployeeController.java封装员工业务接口的控制器类中，也是通过类似的@GetMapping注解来定义Get类型的查询方法的，具体来说，EmployeeController类中获取所有员工信息和获取指定ID员工信息的代码如下：

```
01  @RestController
02  @RequestMapping("/employee")
03  public class EmployeeController extends BaseController
04  {
05      @Autowired
06      private IEmployeeService employeeService;
07      //查询员工信息管理列表
08      @GetMapping("/list")
09      public PageData list(Employee employee)
10      {
11          setPageParam();
12          List<Employee> list = employeeService.selectEmployeeList(employee);
13          return getDataByPage(list);
14      }
15      // 获取指定员工的信息
16       @GetMapping(value = "/{id}")
17      public AjaxResult getInfo(@PathVariable("id") Long id)
18      {
19          return AjaxResult.success(employeeService.selectEmployeeById(id));
20      }
21      //省略其他POST等类型的方法
22  }
```

从中可以看到，可以通过/employee/list请求来调用第9行的list方法，从而返回满足分页条件的员工信息，可以通过/employee/{id}请求来调用第17行的getInfo方法，从而返回指定id的员工信息。

而在EmployeeKPIController等封装其他业务接口的控制类中，也是通过类似的@GetMapping注解定义GET类型的URL请求和控制器方法的绑定关系，相关代码大家可以自行阅读，就不再重复讲解了。

8.2.3 @PostMapping 注解与"添加"接口

在控制器类中,可以通过@PostMapping注解定义"添加数据"类型的接口方法,该注解对应的是POST类型的HTTP请求,此类HTTP请求一般会通过请求体(body)来传输待添加的数据。

在封装部门类服务接口的DeptController.java控制器类中,由@PostMapping注解定义的接口方法代码如下:

```
01  @RestController
02  @RequestMapping("/dept_info")
03  public class DeptController extends BaseController
04  {
05      //新增部门信息
06      @PostMapping
07      public AjaxResult add(@RequestBody Dept dept)
08      {
09          return toAjax(deptService.insertDept(dept));
10      }
11      //省略其他方法的代码
12  }
```

根据第2行@RequestMapping注解和第6行@PostMapping注解的定义,前端发来的Post类型的/dept_info请求会被第7行的add方法处理。Post请求是通过Body来传递参数的。对应地,该方法的dept参数是被@RequestBody注解所修饰的,用来接收通过Body传递过来的参数,并把Body参数转换成Dept类型。

而在add方法的第9行代码中,通过调用deptService.insertDept方法实现向数据库中插入部门数据。

在EmployeeController.java控制器类中,也是通过@PostMapping注解来定义Post类型的数据插入方法,相关代码如下:

```
01  @RestController
02  @RequestMapping("/employee")
03  public class EmployeeController extends BaseController
04  {
05      // 新增员工数据
06      @PostMapping
07      public AjaxResult add(@RequestBody Employee employee)
08      {
09          return toAjax(employeeService.insertEmployee(employee));
10      }
11      //省略其他方法
12  }
```

从中可以看到,前端发来的Post类型的/employee请求会被第7行的add方法所处理,该方法通过被@RequestBody注解所修饰的employee参数接收Post请求所包含的待插入的员工参数,而在该方法内部第9行的代码中，通过调用employeeService的insertEmployee方法实现插入员工的动作。

在EmployeeKPIController等其他控制类中，也是通过类似的@PostMapping注解定义处理Post类型请求的接口方法的，这些方法同样是通过调用Service服务层的方法实现插入数据的动作，相关代码大家可以自行阅读。

8.2.4　@PutMapping 注解与"更新"接口

在控制器类中，可以通过@PutMapping注解定义"修改数据"类型的接口方法，该注解对应的是Put类型的HTTP请求，此类HTTP请求也是通过请求体（body）来传输更新后的数据的。

在封装部门类服务接口的DeptController.java控制器类中，由@PutMapping注解定义的接口方法代码如下：

```
01    @RestController
02    @RequestMapping("/dept_info")
03    public class DeptController extends BaseController
04    {
05        //修改部门数据
06        @PutMapping
07        public AjaxResult edit(@RequestBody Dept dept)
08        {
09            return toAjax(deptService.updateDept(dept));
10        }
11        省略其他方法代码
12    }
```

根据第2行@RequestMapping注解和第6行@PutMapping注解的定义，前端发来的Put类型的/dept_info请求会被第7行的edit方法处理。Put请求也是通过Body来传递参数的。对应地，该方法的dept参数也是被@RequestBody注解所修饰的，用来接收通过Body传递过来的参数，并把Body参数转换成Dept类型。

而在edit方法的第9行代码中，通过调用deptService.updateDept方法实现在数据库中更新部门数据。

这里请大家注意，插入部门信息和更新部门信息的请求的URL都是/dept_info，但它们是通过HTTP请求类型来区分的。

比如DeptController控制器类在收到Post类型的/dept_info请求后，会根据注解的定义触发add方法，而在收到Put类型的/dept_info请求后会触发edit方法。

在EmployeeController等其他控制类中，也是通过@PutMapping注解定义处理Put类型请求的接口方法的，这些方法同样是通过调用Service服务层的方法实现数据更新的动作，相关代码大家可以自行阅读。

8.2.5 @DeleteMapping 注解与 "删除" 接口

在控制器类中，可以通过@DeleteMapping注解定义 "删除数据" 类型的接口方法，该注解对应的是Delete类型的HTTP请求，此类请求可以通过在URL中传递参数来指定待删除的数据。

在封装部门类服务接口的DeptController.java控制器类中，由@DeleteMapping注解定义的接口方法代码如下：

```
01   @RestController
02   @RequestMapping("/dept_info")
03   public class DeptController extends BaseController
04   {
05       // 删除部门数据
06       @DeleteMapping("/{ids}")
07       public AjaxResult remove(@PathVariable Long[] ids)
08       {
09           return toAjax(deptService.deleteDeptByIds(ids));
10       }
11       //省略其他方法的代码
12   }
```

根据第2行@RequestMapping注解和第6行@DeleteMapping注解的定义，前端发来的Delete类型的/dept_info/{ids}请求会被第7行的remove方法处理。Delete请求是通过URL来传递参数的，而不是用Body来传递参数。

而在remove方法的第9行代码中，通过调用deptService.deleteDept方法实现在数据库中删除部门数据。

而在EmployeeController等其他控制类中，也是通过@DeleteMapping注解定义处理Delete类型请求的接口方法的，这些方法同样是通过调用Service服务层的方法实现数据删除的动作，相关代码大家可以自行阅读。

8.2.6 @RequestMapping 注解

前面是用@PostMapping、@DeleteMapping、@PutMapping和@GetMapping等注解定义增删改查服务方法，除此之外，还可以用@RequestMapping注解外带method参数的方式来定义增删改查接口，比如在DeptController.java控制器类中，相关方法的注解可以做如下改动：

```
01   @RestController
02   @RequestMapping("/dept_info")
03   public class DeptController extends BaseController
04   {
05       // 查询所有部门信息管理
06       //@GetMapping("/list")
07       @RequestMapping(value = "/list",method = RequestMethod.GET)
```

```
08        public PageData list(Dept dept) {
09            //省略业务代码
10        }
11        // 根据id查询部门信息管理详细信息
12        //@GetMapping(value = "/{id}")
13        @RequestMapping(value = "/{id}",method = RequestMethod.GET)
14        public AjaxResult getInfo(@PathVariable("id") Long id){
15            //省略业务代码
16        }
17        //新增部门信息
18        //@PostMapping
19        @RequestMapping(method = RequestMethod.POST)
20        public AjaxResult add(@RequestBody Dept dept){
21            //省略业务代码
22        }
23        //修改部门信息管理
24        //@PutMapping
25        @RequestMapping(method = RequestMethod.PUT)
26        public AjaxResult edit(@RequestBody Dept dept){
27            //省略业务代码
28        }
29        // 删除部门信息管理
30        //@DeleteMapping("/{ids}")
31        @RequestMapping(value = "{ids}", method = RequestMethod.DELETE)
32        public AjaxResult remove(@PathVariable Long[] ids){
33            //省略业务代码
34        }
35  }
```

通过第7行和第13行的代码可以看到，在@RequestMapping注解中，可以用value参数来定义该方法所定义的URL请求，可以用method参数来定义该方法所对应URL的HTTP类型，这两处是GET类型。

在第19行的@RequestMapping注解中，由于无须定义URL，因此直接在method参数定义add方法时处理POST类型的HTTP请求，在第25行的注解中，也是在method参数定义该edit方法时处理PUT类型的请求，在第31行的注解中，是用value参数定义remove方法所对应的URL请求，用method参数定义该URL请求对应的HTTP类型。

而在EmployeeController等其他控制类中，也能用@RequestMapping注解来定义控制器方法所对应的URL请求，由于做法很类似，因此就不再重复讲述了。

8.3 通过Swagger展示后端接口

Swagger是一种用于可视化后端服务接口的技术组件。在服务提供方完成开发后端服务接口后，可以在Spring Boot等后端项目中引入Swagger组件，用面向界面可视化的方式展示诸多增删改查接口，这样接口的使用者和提供者就能高效地使用并完善这些服务接口。

8.3.1　Swagger 的作用

在本书所使用的人事管理系统的全栈项目中，前端Vue页面需要调用后端Spring Boot项目提供的服务接口。在把调用代码写到Vue项目之前，需要先确保这些接口的正确性，因为一旦在Vue代码中整合这些调用代码，如果出现问题，那么定位和排查问题就很困难。

如果在Spring Boot后端项目中引入Swagger组件，开发前端项目的程序员就能在Swagger接口界面确认接口是否符合预期，再确认接口的正确性，这样就能高效地实现前后端交互。

而且，Swagger组件还能生成Web版的请求接口文档，如果服务调用者不熟悉接口的URL及其参数，那么就能通过此在线文档清晰地了解相关接口的用法。

8.3.2　引入 Swagger 依赖包

为了能在后端Spring Boot项目中引入Swagger组件，首先需要在pom.xml中引入Swagger的依赖包，在本书所用的项目中，用的是Swagger 3.0版本，引入依赖包的代码如下：

```
01    <!-- swagger3-->
02    <dependency>
03        <groupId>io.springfox</groupId>
04        <artifactId>springfox-boot-starter</artifactId>
05        <version>3.0.0</version>
06    </dependency>
07    <dependency>
08        <groupId>io.swagger</groupId>
09        <artifactId>swagger-models</artifactId>
10        <version>1.6.2</version>
11    </dependency>
```

其中通过第2～6行的代码引入了Swagger组件的依赖包，通过第7～11行的代码引入了Swagger所用model对象的依赖包。

8.3.3　编写 Swagger 配置类

Swagger配置类的名字可以随便起，比如本项目所用的名字叫SwaggerConfig，但该配置类需要用@Configuration注解来修饰，说明该类是配置类，并需要在其中通过定义createRestApi方法来指定Swagger的展示方式以及相关参数，具体代码如下：

```
01    import org.springframework.context.annotation.Bean;
02    import org.springframework.context.annotation.Configuration;
03    import springfox.documentation.builders.ApiInfoBuilder;
04    import springfox.documentation.builders.PathSelectors;
05    import springfox.documentation.builders.RequestHandlerSelectors;
06    import springfox.documentation.service.*;
07    import springfox.documentation.spi.DocumentationType;
```

```
08    import springfox.documentation.spring.web.plugins.Docket;
09    //该配置文件需要用@Configuration注解修饰
10    @Configuration
11    public class SwaggerConfig{
12        @Bean
13        public Docket createRestApi()  {
14            return new Docket(DocumentationType.OAS_30)
15                    // 是否启用Swagger
16                    .enable(true)
17                    // 用来指定Swagger信息
18                    .apiInfo(apiInfo())
19                    .select()
20                    // 扫描指定目录的接口
21                    .apis(RequestHandlerSelectors.basePackage("com.prj.controller"))
22                    .paths(PathSelectors.any())
23                    .build();
24        }
25        //配置Swagger信息
26        private ApiInfo apiInfo()    {
27            return new ApiInfoBuilder()
28                    // 设置标题
29                    .title("标题: 人事管理系统_接口文档")
30                    // 描述
31                    .description("描述: Swagger接口文档")
32                    // 版本
33                    .version("版本号: 1.0" )
34                    .build();
35        }
36    }
```

其中第13行的createRestApi方法用来定义Swagger的相关信息，该方法需要用@Bean注解修饰，该方法是通过第14～23行创建的Docket对象来指定Swagger信息的。

具体来说，在创建Docket对象时，通过第16行代码指定要启用Swagger，通过第18行代码指定用apiInfo方法来定义Swagger展示时的具体参数，通过第21行代码指定控制器类的路径，这样Swagger组件就会扫描对应控制器类，并把其中的接口方法展示到Swagger页面上。

而第26行定义的apiInfo方法是在第18行的位置被引用的，用来定义展示Swagger页面的参数。在该方法的第29行中设置了Swagger页面的标题，第33行设置了展示Swagger的版本号。

8.3.4　通过 Swagger 观察 API 接口

添加完Swagger的依赖包和编写完Swagger的配置信息后，可启动后端prj-backend项目。

需要说明的是，本prj-backend后端项目引入了基于Spring Security的安全管理机制，使用者需要在登录页输入用户名和密码完成身份验证后，才能访问后端项目所提供的页面。所以还需要在Spring Security对应的配置页面中，把Swagger页面添加到"无须身份验证"的列表中，这样才能观察到Swagger相关效果，这部分的知识在后文讲解。

启动后端项目后，可在浏览器中输入http://localhost:8080/swagger-ui/index.html打开
Swagger页面，相关效果如图8-1所示。

图 8-1　用 Swagger 展示服务接口的效果图

从图8-1可以看到，该页面的标题和版本信息和Swagger配置类中的定义完全一致。如果单击dept-controller部分，就能看到如图8-2所示的实现部门信息管理的各种服务接口。

如果再单击展开其中的请求，比如基于GET的/dept_info/list请求，还能看到如图8-3所示的效果，其中能看到针对该请求的具体参数，这些参数和Controller类中的定义完全一致。

图 8-2　实现增删改查接口的 Swagger 效果图

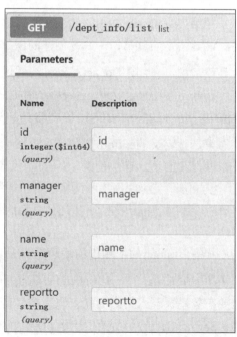

图 8-3　针对具体接口方法的 Swagger 效果图

在图8-3中，输入各项参数后再单击右上方的"Try it out"按钮，就能发起该GET请求，由此能验证该请求的正确性。通过类似的方法，大家能在Swagger界面验证其他各种"增删改查"服务接口方法的正确性。

此外，该Swagger页面下方的Schemas部分还展示了控制器类用到的业务对象，具体效果如图8-4所示，通过观察这部分展示的信息，前端程序员能确认后端返回的数据结构的正确性。

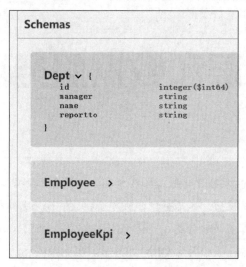

图 8-4　Swagger 页面包含业务对象的效果图

8.4　实　践　练　习

（1）按照8.2节给出的说明，阅读本后端项目所用的控制器代码，并理解控制器类通过注解实现增删改查服务接口的相关技能点。

（2）在阅读8.2.6节内容的基础上，在EmployeeController等控制器类中，用@RequestMapping注解实现各种增删改查的服务方法。

（3）阅读8.3节的内容，根据给出的步骤，在启动Spring Boot项目的基础上打开后端项目的Swagger页面，在此基础上理解在Spring Boot项目中引入Swagger的相关要点。

（4）通过修改Swagger的配置类代码，把Swagger页面展示的版本号信息改成2.0，同时把该页面的标题修改成"后端系统接口文档"。

第 9 章
后端业务层和数据服务层

基于 Spring Boot 的后端项目一般由控制器层、业务层和数据服务层组成，前面已经讲述了控制器层的相关开发技巧，本章将讲述业务层和数据服务层的相关开发技巧。

业务层中封装各种业务逻辑的类，一般只需考虑具体的业务实现，无须考虑和数据库的交互细节，而数据服务层一般会引入 ORM 组件来实现和数据库的交互。

通过本章的学习，再结合第 8 章讲述的控制器类相关的知识点，大家能掌握前端请求在后端项目中的处理流程，这将为后面学习全栈交互打下扎实的基础。

9.1 在业务层封装业务代码

本后端系统所包含的业务操作是针对业务数据的增删改查，这部分代码有必要和实现前后端交互功能的代码分离，也有必要和实现数据库交互的代码分离。

在本项目中，实现业务功能的代码封装在com.prj.service包（Package）中，这样一旦需要引入新的业务动作，就可以在这个包中添加新的业务类，并在其中添加新的业务方法。

9.1.1 业务类的构成

本项目采用接口和实现类分离的方式来定义业务层的代码，比如封装增删改查部门信息的业务接口类是IDeptService.java，而其具体的实现类是DeptServiceImpl.java，这样做的用意是向调用者进一步屏蔽业务的实现细节。

表9-1整理了本项目所包含的提供业务方法的接口及其实现类，以及这些类包含的业务逻辑种类。

表 9-1　后端项目业务类整理表

接　　口	实　现　类	封装的业务逻辑
IDeptService	DeptServiceImpl	封装了针对部门信息的增删改查操作
IEmployeeService	EmployeeServiceImpl	封装了针对员工信息的增删改查操作
IEmployeeKpiService	EmployeeKpiServiceImpl	封装了针对员工考核信息的增删改查操作
IHireNumService	HireNumServiceImpl	封装了针对招聘信息的增删改查操作
ISalaryLevelService	SalaryLevelServiceImpl	封装了针对薪资信息的增删改查操作

9.1.2　用@Service 修饰业务类

本项目封装部门信息操作的业务接口IDeptService代码如下，其中封装了针对部门信息的增删改查接口方法，这些方式是供控制器类调用的。

```
01    package com.prj.service;
02    import java.util.List;
03    import com.prj.domain.Dept;
04    public interface IDeptService
05    {
06        //根据id查询部门信息
07        public Dept selectDeptById(Long id);
08        //根据参数查询部门信息
09        public List<Dept> selectDeptList(Dept dept);
10        //插入部门信息
11        public int insertDept(Dept dept);
12        //更新部门信息
13        public int updateDept(Dept dept);
14        //根据指定的id列表删除部门信息
15        public int deleteDeptByIds(Long[] ids);
16        //根据指定的id删除部门信息
17        public int deleteDeptById(Long id);
18    }
```

该接口类的实现类是DeptServiceImpl.java，具体代码如下，从其中第10行的代码能看到，该类实现了IDeptService接口。

```
01    package com.prj.service.impl;
02    import java.util.List;
03    import org.springframework.beans.factory.annotation.
Autowired;
04    import org.springframework.stereotype.Service;
05    import com.prj.mapper.DeptMapper;
06    import com.prj.domain.Dept;
07    import com.prj.service.IDeptService;
08    //用@Service注解定义业务类
09    @Service
10    public class DeptServiceImpl implements IDeptService
11    {
12        //定义数据库服务对象
```

```
13      @Autowired
14      private DeptMapper deptMapper;
15      //实现根据id查找部门信息的功能
16      @Override
17      public Dept selectDeptById(Long id) {
18          return deptMapper.selectDeptById(id);
19      }
20      //实现根据参数查找部门信息的功能
21      @Override
22      public List<Dept> selectDeptList(Dept dept) {
23          return deptMapper.selectDeptList(dept);
24      }
25      //实现插入部门信息的功能
26      @Override
27      public int insertDept(Dept dept)    {
28          return deptMapper.insertDept(dept);
29      }
30      //实现更新部门信息的功能
31      @Override
32      public int updateDept(Dept dept)    {
33          return deptMapper.updateDept(dept);
34      }
35      //实现根据id列表删除部门信息的功能
36      @Override
37      public int deleteDeptByIds(Long[] ids)    {
38          return deptMapper.deleteDeptByIds(ids);
39      }
40      //实现根据指定id删除部门信息的功能
41      @Override
42      public int deleteDeptById(Long id) {
43          return deptMapper.deleteDeptById(id);
44      }
45  }
```

在该实现类的第14行代码中，定义了用于和数据库交互的deptMapper对象，而在该类的诸多方法中，通过调用deptMapper对象的相关方法实现了针对部门信息的增删改查操作。

需要注意的是，该业务实现类要用@Service注解修饰。在基于Spring Boot的后端项目中，会约定俗成地用@Service注解来修饰业务类。当Spring Boot项目启动时，被@Service注解所修饰的类会被放入Spring容器，这样在控制器类等处，就能通过@Autowired注解，用依赖注入的方式来引入业务类，并调用其中的业务方法。

前面给出了包含部门信息增删改操作的业务接口类和实现类，接下来给出IEmployeeService接口中封装的针对员工信息的操作方法，相关代码如下：

```
01  package com.prj.service;
02  import java.util.List;
03  import com.prj.domain.Employee;
04  public interface IEmployeeService{
05      //根据id查询员工信息
```

```
06    public Employee selectEmployeeById(Long id);
07    //根据参数查询员工信息
08    public List<Employee> selectEmployeeList(Employee employee);
09    //保存员工信息
10    public int insertEmployee(Employee employee);
11    //更新员工信息
12    public int updateEmployee(Employee employee);
13    //根据id列表删除员工信息
14    public int deleteEmployeeByIds(Long[] ids);
15    //删除指定id的员工信息
16    public int deleteEmployeeById(Long id);
17 }
```

而该接口的实现类代码如下,从中大家能看到,该实现类同样是用@Service注解所修饰的,在该类的方法中,同样是调用数据服务类的相关方法实现了针对员工信息的增删改查操作。

```
01 import com.prj.service.IEmployeeService;
02 @Service
03 public class EmployeeServiceImpl implements IEmployeeService
04 {
05    @Autowired
06    private EmployeeMapper employeeMapper;
07     //根据id查询员工信息
08    @Override
09    public Employee selectEmployeeById(Long id){
10        return employeeMapper.selectEmployeeById(id);
11    }
12    //根据参数查询员工信息
13    @Override
14    public List<Employee> selectEmployeeList(Employee employee)
15    {
16        return employeeMapper.selectEmployeeList(employee);
17    }
18    //插入员工信息
19    @Override
20    public int insertEmployee(Employee employee){
21        return employeeMapper.insertEmployee(employee);
22    }
23    //更新员工信息
24    @Override
25    public int updateEmployee(Employee employee) {
26        return employeeMapper.updateEmployee(employee);
27    }
28    //根据id列表删除员工信息
29    @Override
30    public int deleteEmployeeByIds(Long[] ids){
31        return employeeMapper.deleteEmployeeByIds(ids);
32    }
33    //删除指定id的员工信息
34    @Override
35    public int deleteEmployeeById(Long id){
```

```
36          return employeeMapper.deleteEmployeeById(id);
37      }
38  }
```

而实现员工考核信息管理、招聘信息管理和薪资信息管理的业务类代码和上述代码非常相似，所以这里就不再重复讲述了，大家可以自行阅读相关代码。

9.1.3 @Autowired 和依赖注入

在包含部门信息业务方法的DeptServiceImpl.java类中，先用@Autowired注解定义数据库服务对象deptMapper，随后在各业务方法中，通过该对象和数据库交互，在这个过程中，并没有通过new关键字初始化deptMapper对象。

这种用@Autowired注解创建对象的方式叫"依赖注入"。依赖注入的含义是，类之间的依赖关系是由容器来实现的，而不是由类来实现。

实现依赖注入的步骤是，根据Spring Boot配置文件或@Service注解的定义，后端项目在启动时，deptMapper等待注入的实例会被扫描并放入Spring容器，在创建EmployeeServiceImpl等实例时，Spring容器会根据其中@Autowired的定义，把该处所需的deptMapper对象从容器中加载到此处，从而实现EmployeeServiceImpl和deptMapper之间的依赖关系。

从中大家能看到，这种基于依赖注入的依赖关系是动态的，是在使用时才关联两者的依赖关系，所以能最大限度地降低模块间的耦合度。

事实上，在控制器类中，也是用依赖注入方式来引用业务类的。这种基于@Autowired注解的创建对象方式在Spring Boot项目中很常见，大家应当掌握这种开发方式。

9.2 ORM组件与数据服务层

ORM（Object Relational Mapping，对象关系映射）是一种开发规范，而本章所讲的MyBatis和JPA组件是具体的实现组件。

如果在项目中引入基于ORM规范的实现组件，就可以最大限度地解耦合业务动作和数据库操作动作，从而能提升项目的可维护性。

ORM规范的的核心思想是"映射"，即把数据库中的数据映射成业务数据。具体来说，基于ORM的组件，比如MyBatis或JPA，会把数据表映射成Java业务数据类，把数据表中的每条数据映射成业务数据类型的实例对象，把数据表中的字段映射成Java业务数据类中的属性。经ORM组件映射后，数据库中的数据和Java对象间的关系如表9-2所示。

表 9-2 映射后数据库和 Java 类之间的关系对应表

数据库层面的概念	Java 层面的概念
数据表，比如 dept 数据表	Java 类，比如 Dept 类
数据库中的数据，比如 dept 数据表中的一条条数据	实例化对象，比如 Detp 类的一个个实例化对象
数据表中的字段，比如 dept 数据表中的字段	Java 类中的属性，比如 Dept 类中也会对应的属性

如果在后端项目的业务处理方法中再加入数据库操作代码，就会让业务处理方法变得很难维护，比如当数据库的表名或字段名发生变更后，和它无关的业务处理代码也要随之改动。所以大多数Spring Boot后端项目会引入ORM组件，以提升代码的可维护性。

9.3 编写基于MyBatis的数据服务层

MyBatis 是一个支持ORM规范的组件，该组件支持通过定制化 SQL 和存储过程与数据库交互，这里就将给出在Spring Boot项目中，通过该组件针对MySQL数据库进行增删改查操作的详细步骤。

9.3.1 引入依赖包，编写数据库配置代码

为了在后端prj-backend项目中使用MyBatis组件，首先需要在该项目的pom.xml文件中，通过如下代码引入MyBatis的依赖包。

```
01  <!-- 集成MyBatis 组件 -->
02  <dependency>
03    <groupId>org.mybatis.spring.boot</groupId>
04      <artifactId>mybatis-spring-boot-starter</artifactId>
05    <version>2.2.0</version>
06  </dependency>
07  <!-- MySQL驱动包 -->
08  <dependency>
09    <groupId>mysql</groupId>
10    <artifactId>mysql-connector-java</artifactId>
11  </dependency>
```

其中通过第1~6行代码引入了MyBatis的依赖包，由于本项目所用的数据库是MySQL，因此这里还需要通过第8~11行代码引入Java层面支持MySQL数据库的依赖包。

此外，还需要在本项目的application.yml配置文件中编写如下数据库相关的配置代码，具体用于配置和MySQL数据库的连接信息。

```
01  spring:
02    datasource:
03      driverClassName: com.mysql.cj.jdbc.Driver
04      #数据源
```

```
05      url: jdbc:mysql://localhost:3306/hr_manager?characterEncoding=
utf8&useSSL=true&serverTimezone=GMT%2B8
06      username: root
07      password: 123456
```

需要注意的是，第5行的url参数中，不仅需要指定MySQL的工作地址和工作端口，还需要指定连接所用的数据库，这里是hr_manager。除此之外，还需要通过第6行和第7行的代码指定连接MySQL数据库所用的用户名和密码。

9.3.2 编写映射文件

本项目是在resources/mapper目录中存放和数据库交互的代码，比如在DeptMapper.xml文件中存放基于MyBatis规范的针对dept部门表的SQL语句，相关文件和关联数据表之间的关系如表9-3所示。

表 9-3 mapper 配置文件和数据表映射关系表

Mapper 配置文件名	对应的数据表
DeptMapper.xml	包含部门信息的 dept 表
EmployeeMapper.xml	包含员工信息的 Employee 表
EmployeeKpiMapper.xml	包含员工考核信息的 employee_kpi 表
HireNumMapper.xml	包含招聘信息的 hire_num 表
SalaryLevelMapper.xml	包含薪资信息的 salary_level 表

这些配置文件中的代码样式很相似，这里就以和salary_level薪资表关联的SalaryMapper.xml文件为例，讲述MyBatis组件通过增删改查SQL语句，操作关联数据表的实现步骤，由于该文件比较大，因此分步说明。

```
01   <?xml version="1.0" encoding="UTF-8" ?>
02   <!DOCTYPE mapper
03   PUBLIC "-//mybatis.org//DTD Mapper 3.0//EN"
04   "http://mybatis.org/dtd/mybatis-3-mapper.dtd">
05   <mapper namespace="com.prj.mapper.SalaryLevelMapper">
06      <resultMap type="SalaryLevel" id="SalaryLevelResult">
07         <result property="id"    column="id"    />
08         <result property="jobType"   column="job_type"   />
09         <result property="salary"    column="salary"   />
10         <result property="salaryrange" column="salaryrange"/>
11      </resultMap>
```

这里通过第5行代码指定了该mapper配置文件的命名空间，通过第6～11行代码定义了id是SalaryLevelResult的resultMap对象。

resultMap对象用来接收通过select语句从数据表得到的数据，并把接收到的数据转换成type参数所指定的对象，比如通过SalaryLevelResult这个resultMap，可以把从salary_level表中得到的数据转换成SalarayLevel对象。

```
12        <sql id="selectSalaryLevelVo">
13          select id, job_type, salary, salaryrange from salary_level
14        </sql>
15        <select id="selectSalaryLevelList" parameterType="SalaryLevel"
resultMap="SalaryLevelResult">
16            <include refid="selectSalaryLevelVo"/>
17            <where>
18              <if test="jobType != null  and jobType != ''"> and job_type =
#{jobType}</if>
19                <if test="salary != null "> and salary = #{salary}</if>
20                <if test="salaryrange != null "> and salaryrange =
#{salaryrange}</if>
21            </where>
22        </select>
23        <select id="selectSalaryLevelById" parameterType="Long"
resultMap="SalaryLevelResult">
24            <include refid="selectSalaryLevelVo"/>
25            where id = #{id}
26        </select>
```

在前面第12～14行代码中定义了id为selectSalaryLevelVo的sql对象，该对象包含用select语句查询salary_level数据表的动作。

在第15～22行定义的id为selectSalaryLevelList的select对象中，引用了前面定义的selectSalaryLevelVo对象，并在此基础上根据传入的SalaryLevel参数动态添加了where语句。比如SalaryLevel对象中jobType不为空，那么就会动态添加根据jobType参数查询薪资信息的where语句。该select对象会把查询结果转换成SalaryLevelResult的形式返回。

而在第23～26行的id为selectSalaryLevelById的select对象中，会根据id来查询salary_level表中的数据，这里传入的参数是id，参数的类型是由parameterType定义的，这里是Long。

```
27        <insert id="insertSalaryLevel" parameterType="SalaryLevel"
useGeneratedKeys="true" keyProperty="id">
28          insert into salary_level
29        <trim prefix="(" suffix=")" suffixOverrides=",">
30            <if test="jobType != null">job_type,</if>
31            <if test="salary != null">salary,</if>
32            <if test="salaryrange != null">salaryrange,</if>
33          </trim>
34        <trim prefix="values (" suffix=")" suffixOverrides=",">
35            <if test="jobType != null">#{jobType},</if>
36            <if test="salary != null">#{salary},</if>
37            <if test="salaryrange != null">#{salaryrange},</if>
38          </trim>
39        </insert>
```

在到第27～39行定义的id为insertSalaryLevel的insert对象中，会把由parameterType指定的SalaryLevel类型的对象插入salary_level数据表中。

```
40        <update id="updateSalaryLevel" parameterType="SalaryLevel">
41          update salary_level
```

```
42            <trim prefix="SET" suffixOverrides=",">
43                <if test="jobType != null">job_type = #{jobType},</if>
44                <if test="salary != null">salary = #{salary},</if>
45                <if test="salaryrange != null">salaryrange = #{salaryrange},</if>
46            </trim>
47            where id = #{id}
48        </update>
```

在到第40～48行定义的id为updateSalaryLevel的update对象中，会把由parameterType指定的SalaryLevel类型的对象更新到salary_level数据表中。

具体来说，在第47行代码中，通过id参数指定待更新的数据，通过第42～46行代码指定更新后的各参数值。

```
49        <delete id="deleteSalaryLevelById" parameterType="Long">
50            delete from salary_level where id = #{id}
51        </delete>
52        <delete id="deleteSalaryLevelByIds" parameterType="String">
53            delete from salary_level where id in
54            <foreach item="id" collection="array" open="(" separator=","
close=")">
55                #{id}
56            </foreach>
57        </delete>
58    </mapper>
```

在第49～51行代码中定义了id为deleteSalaryLevelById的delete对象，在该对象中定义了删除指定id的delete语句。

在第52～58行代码中定义了id为deleteSalaryLevelByIds的delete对象，该对象的参数是待删除的id列表，在该对象中定义了删除指定id列表数据的delete语句。

其他包含增删改查SQL语句的XML映射文件，其中的代码和前面分析的SalaryMapper.xml文件很相似，所以就不再重复说明了，相关代码请大家自行阅读。

9.3.3　编写 mapper 接口

SalaryMapper.xml映射文件中的诸多SQL语句是被mapper接口使用的，而业务类也是调用mapper接口中的方法来实现数据库操作的，比如在封装薪资管理业务方法的SalaryLevelServiceImpl类中，通过如下代码调用salaryLevelMapper对象的方法来查询数据。

```
salaryLevelMapper.selectSalaryLevelById(id);
```

这里就以SalaryLevelMapper接口为例，分析MyBatis组件mapper接口的开发要点，其代码如下：

```
01    package com.prj.mapper;
02    import java.util.List;
03    import com.prj.domain.SalaryLevel;
```

```
04  public interface SalaryLevelMapper {
05      //根据id查询薪资信息
06      public SalaryLevel selectSalaryLevelById(Long id);
07      //根据参数查询薪资信息
08      public List<SalaryLevel> selectSalaryLevelList(SalaryLevel salaryLevel);
09      //插入薪资信息
10      public int insertSalaryLevel(SalaryLevel salaryLevel);
11      //更新薪资信息
12      public int updateSalaryLevel(SalaryLevel salaryLevel);
13      //删除指定id的薪资信息
14      public int deleteSalaryLevelById(Long id);
15      //删除指定id列表的薪资信息
16      public int deleteSalaryLevelByIds(Long[] ids);
17  }
```

请注意SalaryLevelMapper是接口，所以其中的方法都没有实现体，但其中每个方法都需要和SalaryMapper.xml映射文件中的select或insert等对象相匹配，比如SalaryLevelMapper接口第6行的selectSalaryLevelById方法需要和SalaryMapper.xml映射文件第23行的select对象匹配，而第14行的deleteSalaryLevelById方法需要和映射文件第49行的delete对象匹配。

也就是说，一旦SalaryLevelMapper接口中的方法被调用，MyBatis组件会根据id匹配，并自动触发映射文件中的相关增删改查操作。如果是select类的查询操作，映射文件中的select对象还会根据SalaryLevelResult中的定义把结果转换成SalaryLevel对象返回。

实现其他类型业务的mapper接口代码和SalaryLevelMapper接口代码很相似，所以这里不再重复讲述。

9.3.4 编写 Java 业务模型类

映射文件中的select对象最终会把查询结果转换成由resultMap对象type参数指定的Java模型对象。比如会把查询到的salary_level数据表中的数据转换成SalaryLevel类型的Java对象。

在ORM场景中，SalaryLevel可以称为Java业务模型，其中包含的属性需要和salary_level数据表中的字段保持一致，这两者之间的关联关系是由映射文件中的resultMap对象定义的。

```
01  package com.prj.domain;
02  public class SalaryLevel {
03      private static final long serialVersionUID = 1L;
04      // 编号
05      private Long id;
06      // 职位类型
07      private String jobType;
08      // 薪资水平
09      private BigDecimal salary;
10      // 上下幅度
11      private BigDecimal salaryrange;
12      //省略各种get和set方法
13  }
```

9.3.5 使用 MyBatis 的要点归纳

通过前面讲述的SalaryLevelMapper接口代码和XML格式的映射文件,大家能看到MyBatis组件把MySQL数据映射成Java对象的做法,在使用MyBatis时,请大家注意如下两点。

第一,映射文件中select、insert、delete和update对象的id需要和mapper接口中的方法名保持一致,而这些方法通过parameterType对象指定传入的参数,这些参数类型需要和mapper接口方法传入的参数类型保持一致。

第二,在映射文件的select对象中,需要通过resultMap来指定返回对象的类型,而resultMap则是通过其中的type确定MySQL返回数据和Java模型类的对应关系。也就是说,映射文件中的select对象最终会把查询结果转换成由resultMap对象type参数指定的Java模型对象,从而实现MySQL数据和Java对象数据之间的转换。

9.4   编写基于JPA的数据服务层

JPA(Java Persistence API,Java持久层接口方法)是一套符合ORM规范的组件,通过该组件能把数据库中的数据映射成Java业务模型。本节讲述用JPA组件实现数据服务层的实践要点。

9.4.1 引入依赖包,编写数据库配置代码

为了能在Spring Boot后端项目中使用JPA组件,需要在pom.xml文件中通过如下代码引入相关依赖包。

```
01  <!-- JPA驱动包 -->
02  <dependency>
03      <groupId>org.springframework.boot</groupId>
04  <artifactId>spring-boot-starter-data-jpa</artifactId>
05  </dependency>
06  <!-- MySQL驱动包 -->
07  <dependency>
08      <groupId>mysql</groupId>
09      <artifactId>mysql-connector-java</artifactId>
10  </dependency>
```

其中通过第2~5行代码引入了JPA的依赖包,由于本项目所用的数据库是MySQL,因此还需要通过第7~10行代码引入Java层面支持MySQL数据库的依赖包。

请注意如果在引入MyBatis依赖包的时候已经加入了第7~10行代码,那么这里就不需要再重复引入了。

为了能在Spring Boot项目中正确使用JPA组件，还需要在application.yml配置文件中引入如下配置参数：

```
01  spring:
02   jpa:
03     show-sql: true
04     hibernate:
05       dll-auto: validate
06   datasource:
07     driverClassName: com.mysql.cj.jdbc.Driver
08     #数据源
09     url: jdbc:mysql://localhost:3306/hr_manager?characterEncoding=
utf8&useSSL=true&serverTimezone=GMT%2B8
10     username: root
11     password: 123456
```

其中第6～11行的参数和MyBatis部分的配置参数完全一致，用于配置和MySQL数据库的连接，JPA相关的配置参数在第1～5行。

具体通过第3行代码定义了输出各种SQL语句，这样做是为了方便调试，而在第5行代码中定义了在Java业务模型类和数据表之间的对应关系是validate，即在本项目启动时，会检查Java业务模型中的属性是否和数据表的字段一致，如果不一致，则会抛出异常。

9.4.2　通过注解编写业务模型类

和MyBatis组件一样，JPA会把数据库中的数据映射成业务模型对象，这里就用包含招聘信息的HireNum.java业务模型类为例，讲一下基于JPA的业务模型类的开发要点。

```
01  package com.prj.domain;
02  import java.math.BigDecimal;
03  import javax.persistence.*;
04  @Entity
05  @Table(name="hire_num")
06  public class HireNum {
07      private static final long serialVersionUID = 1L;
08      //主键
09      @Id
10      //生成主键的策略
11  @GeneratedValue(strategy= GenerationType.IDENTITY)
12      private Long id;
13      //招聘部门
14      @Column(name = "dept")
15      private String dept;
16      //招聘名额
17      @Column(name = "num")
18      private BigDecimal num;
19      //招聘截止时间
20      @Column(name = "endtime")
21      private String endtime;
```

```
22      //省略针对各属性的get和set方法
23   }
```

该业务模型类中包含的属性需要和hire_num数据表中的字段保持一致，只不过在基于JPA的映射实现方式中，是通过注解来指定业务模型类和数据表的映射关系的。

具体来说，通过第7行和第8行的@Entity和@Table注解说明该业务模型类是映射MySQL数据库的hire_num数据表。由于第12行定义的id属性需要和hire_num表的主键id关联，因此该属性需要用第9行的@Id注解来修饰，同时还需要通过第11行的注解来说明主键生成策略。

此外，这里还用第14行、第17行和第20行的@Column注解说明该业务模型类中的dept属性、num属性和endtime属性和hire_num数据表中哪些字段关联。

这样，在JPA的数据服务层中，一旦从hire_num表中得到数据，那么JPA组件就会根据在该业务模型类中的定义把这些数据转换成HireNum对象。

9.4.3　用 JpaRepository 实现数据服务层

本项目使用JpaRepository接口来实现数据服务层，相关代码如下：

```
01   package com.prj.repo;
02   import com.prj.domain.HireNum;
03   import org.springframework.data.jpa.repository.JpaRepository;
04   import org.springframework.stereotype.Component;
05   //用@Conponent注解，放入Spring容器中
06   @Component
07   public interface HirenumRepo extends JpaRepository<HireNum, Long>
08   {}
```

该类用第6行的@Component注解修饰，本Spring Boot项目在启动时就会把该类放入容器中，这样在业务层就能用@Autowired的方式引入并使用该对象。

此外，这里用继承JpaRepository类的形式来实现数据服务方法，在继承时，通过泛型来说明该类关联的业务模型是HireNum，而该HireNum业务模型对应的主键是Long类型。

该接口中没有任何方法，事实上在该接口继承的JpaRepository对象中，包含能提供针对业务数据实现增删改查的功能方法。

换句话说，如果程序员使用JPA组件，在没有特殊需求的情况下，完全可以使用由JPA组件提供的JpaRepository等接口提供的方法来实现增删改查需求。事实上，在封装招聘类业务方法的HireNumServiceImpl类中，是直接调用JpaRepository接口中的方法来实现和数据表的交互的。

9.4.4　改写业务层的代码

在封装招聘类业务方法的HireNumServiceImpl业务类中，原本是通过MyBatis组件和

hire_num数据表交互的，这里可以用如下方法改写代码，从而实现用JPA组件和数据表交互。

```
01  @Service
02  public class HireNumServiceImpl implements IHireNumService
03  {
04      @Autowired
05      //private HireNumMapper hireNumMapper; //原Mybatis代码
06      private HirenumRepo hirenumRepo;
07      @Override
08      public HireNum selectHireNumById(Long id)
09      {
10          //return hireNumMapper.selectHireNumById(id);
11          return hirenumRepo.findById(id).get();
12      }
13      @Override
14      public List<HireNum> selectHireNumList(HireNum hireNum)
15      {
16          //return hireNumMapper.selectHireNumList(hireNum);
17          Example<HireNum> example = Example.of(hireNum);
18          return hirenumRepo.findAll(example);
19      }
20      @Override
21      public int insertHireNum(HireNum hireNum)
22      {
23          //return hireNumMapper.insertHireNum(hireNum);
24          hirenumRepo.save(hireNum);
25          return 1;
26      }
27
28      @Override
29      public int updateHireNum(HireNum hireNum)
30      {
31          //return hireNumMapper.updateHireNum(hireNum);
32          hirenumRepo.save(hireNum);
33          return 1;
34      }
35      @Override
36      public int deleteHireNumByIds(Long[] ids)
37      {
38          //return hireNumMapper.deleteHireNumByIds(ids);
39          hirenumRepo.deleteAllById(Arrays.asList(ids));
40          return ids.length;
41      }
42      @Override
43      public int deleteHireNumById(Long id)
44      {
45          //return hireNumMapper.deleteHireNumById(id);
46          hirenumRepo.deleteById(id);
47          return 1;
48      }
49  }
```

在上述代码中，还通过注释保留着原来基于MyBatis的实现，在相关方法中，通过调用第6行创建的hirenumRepo对象来实现增删改查操作。

具体来说，在第11行的代码中调用hirenumRepo.findById方法，根据id查找指定招聘薪资，这里的findById方法不是定义在HirenumRepo对象中，而是定义在HirenumRepo接口所继承的JpaRepository对象中。

随后在第18行代码中调用findAll方法，通过传入的Example类型对象实现根据条件查询招聘信息的功能。

随后在第24行和第32行代码中，调用save方法实现新增和更新招聘信息的功能。这里请注意，如果hire_num数据表中不存在save方法传入的对象，那么save实现的是"新增"动作，反之实现的是"更新"动作。

随后在第39行代码中，调用deleteAllById方法删除指定多个id的招聘信息，在第46行代码中，调用deleteById方法删除指定单个id的招聘信息。

9.4.5 对比 MyBatis 和 JPA

前面给出了基于MyBatis和JPA的业务层和数据服务层的实现代码，从中大家能看到，MyBatis组件可以通过XML映射文件和mapper接口来实现ORM映射，而JPA组件是直接在业务模型类中通过注解来实现映射的。

此外，MyBaits组件的SQL语句是写在XML映射文件中的，而JPA组件的SQL语句是封装在JpaRepository等内部实现接口中的，所以如果有数据库优化需求，可以使用MyBatis组件，反之可以使用更为简便的JPA组件。

从移植性角度来看，JPA组件用于操作数据库的HQL语言是跨数据库的，所以能进一步降低Java对象和数据库之间的耦合性。相比之下，MyBatis所对应的SQL语句需要针对特定的数据库，所以移植性会低于JPA。

从技术选型角度来看，如果所对应的后端项目表结构比较简单，数据量也不大，对表的访问操作也比较简单，比如大多数是针对单表操作，那么可以选用JPA来实现数据服务层代码。

反之，如果数据量比较大，有一定的优化需求，或者在查询数据表时会包含多表关联操作，或者可能会引入group by等操作，那么就可以选用MyBatis。

9.5 实 践 练 习

（1）以管理薪资信息的业务为例，通过阅读代码和本章的描述，理顺从控制器层到业务层再到数据服务层之间的调用关系，并在此基础上理解通过MyBatis组件实现ORM的操作要点。

（2）本项目使用MyBatis组件实现针对salary_level数据表的增删改查操作。在理解相关数据库操作方法的基础上，根据9.4节给出的步骤，通过改写代码，尝试用JPA组件实现针对该表的增删改查操作，并对应地改写"管理薪资信息"部分的业务层代码。

（3）在阅读本章相关说明的基础上，分析用MyBatis和JPA实现数据服务层的异同点。

（4）本项目使用JPA组件实现针对hire_num数据表的增删改查操作，在理解相关数据库操作的基础上，通过改写代码，尝试使用MyBatis组件实现针对该表的增删改查操作，并在此基础上相应地改写业务服务层代码。

第 10 章
分页、事务、Redis缓存和分库分表

为了提升前端展示数据的美观效果，在前端项目中一般会引入分页效果，对应地，后端在收到分页数据请求时，需要根据起始页和每页数据等参数返回指定范围内的数据。

有些业务操作需要同时操作多个数据表，而且要求这些操作动作要么全都成功，要么全都失败，此时就需要引入事务管理机制。在 Spring 框架中，可以用@transactional 注解来实现并管理事务。

对于一些使用频率较高的数据，为了减轻数据库的读写压力，就需要引入基于 Redis 的缓存管理机制；此外，如果数据表的规模比较大，还可以进一步引入 MyCat 分库分表组件降低数据表的规模，从而提升读写性能。

10.1　引入分页效果

分页的请求来自前端，当后端收到起始页号和每页数据等参数时，一方面需要用数据对象承接分页参数的数据结构，另一方面需要调用分页组件获取指定范围内的数据。

10.1.1　从前端获取分页参数

在后端项目中，通过PageParamUtil类获取从前端传递过来的分页参数，相关代码如下：

```
01  package com.prj.common.core.page;
02  import org.springframework.web.context.request.RequestContextHolder;
03  import org.springframework.web.context.request.ServletRequestAttributes;
```

```
04   public class PageParamUtil {
05       // 起始索引
06       public static final String PAGENUM = "pageNum";
07       //每页显示数量
08       public static final String PAGESIZE = "pageSize";
09       //排序列
10       public static final String ORDERCOLUMN = "orderByColumn";
11       //排序方式 "desc" 或者 "asc"
12       public static final String ISASC = "isAsc";
13       private static String getParameter(String name) {
14           ServletRequestAttributes attributes =(ServletRequestAttributes)
RequestContextHolder.getRequestAttributes();
15           return attributes.getRequest().getParameter(name);
16       }
17       //构建分页对象
18       public static PageDomain createPageRequest()    {
19           PageDomain pageDomain = new PageDomain();
20   pageDomain.setPageNum(Integer.valueOf(getParameter(PAGENUM)));
21   pageDomain.setPageSize(Integer.valueOf(getParameter(PAGESIZE)));
22   pageDomain.setOrderByColumn(getParameter(ORDERCOLUMN));
23           pageDomain.setIsAsc(getParameter(ISASC));
24           return pageDomain;
25       }
26   }
```

在该类第18~25行的createPageRequest方法中，创建并返回了封装分页参数的pageDomain对象，具体来说，在第20~23行代码中，通过getParameter方法获取从前端传递过来的pageNum、pageSize、orderByColumn和isAsc参数。

而包含分页参数的PageDomain对象代码如下，其中主要封装和分页有关的参数，而这些参数是通过PageParamUtil类的createPageRequest方法从前端获取的。

```
01   public class PageDomain{
02       // 起始索引
03       private Integer pageNum;
04       //每页显示数量
05       private Integer pageSize;
06       // 排序列
07       private String orderByColumn;
08       //排序方式 "desc" 或者 "asc"
09       private String isAsc = "asc";
10       //省略针对各属性的get和set方法
11   }
```

10.1.2 在后端用分页插件实现分页

本项目采用MyBatis的pagehelper分页插件来实现分页功能，具体步骤如下。

步骤01 在pom.xml文件中，通过如下步骤引入该组件的依赖包。

```
01  <dependency>
02    <groupId>com.github.pagehelper</groupId>
03    <artifactId>pagehelper-spring-boot-starter</artifactId>
04    <version>1.4.0</version>
05  </dependency>
```

步骤 02 在控制器的基类BaseController中，编写如下实现分页功能的代码。

```
01  public class BaseController {
02      // 初始化分页对象，设置分页参数
03      protected void startPage()    {
04          //从前端获取分页参数
05          PageDomain pageDomain = PageParamUtil.createPageRequest();
06          Integer pageNum = pageDomain.getPageNum();
07          Integer pageSize = pageDomain.getPageSize();
08          String orderBy = pageDomain.getOrderBy();
09          //初始化实现分页的对象
10          PageHelper.startPage(pageNum, pageSize, orderBy);
11      }
12      //返回分页数据
13      protected TableDataInfo getDataByPage(List<?> list)    {
14          TableDataInfo tableData = new TableDataInfo();
15          tableData.setCode(200);
16          tableData.setMsg("查询成功");
17          tableData.setRows(list);
18          tableData.setTotal(new PageInfo(list).getTotal());
19          return tableData;
20      }
21      //省略其他代码
22  }
```

本项目所有业务相关的控制器类都会继承该BaseController类，所以在该类中放置和分页有关的方法。

在第3~11行的startPage方法中，首先在第5行的代码中，通过调用PageParamUtil对象的createPageRequest方法获取从前端传递过来的分页参数，随后在第10行代码中，初始化实现分页效果的PageHelper组件。本项目通过步骤01中给出的pom.xml文件中的代码引入了该PageHelper分页组件。

在第13~20行的getDataByPage方法中，入参是包含分页结果的list对象，该方法通过第17行和第18行代码设置了包含分页结果的tableData对象，随后用第19行的return方法返回该对象。

步骤 03 在各控制器方法的list方法中，通过调用控制器基类BaseController中的分页方法，向前端返回分页结果，比如返回员工信息的list方法，代码如下：

```
01  @RestController
02  @RequestMapping("/employee")
03  public class EmployeeController extends BaseController {
04      @Autowired
05      private IEmployeeService employeeService;
06      // 返回符合条件的员工信息
```

```
07      @GetMapping("/list")
08      public TableDataInfo list(Employee employee) {
09          startPage();
10          List<Employee> list = employeeService.selectEmployeeList(employee);
11          return getDataByPage(list);
12      }
13      //省略其他代码
14  }
```

在第8~12行的list方法中，首先调用BaseController类中的startPage方法从前端获取分页参数，并初始化PageHelper分页对象，在此基础上，通过第10行的代码获取满足条件的员工数据。

这里请注意，由于已经在第9行中初始化了分页对象，因此第10行得到的list对象中，并不是所有满足条件的数据，而是满足条件的当前页数据。在此基础上，在第11行代码中，通过调用getDataByPage方法向前端返回当前满足条件的数据。

这里给出的是返回当前页员工数据的代码，其他业务逻辑分页的代码和上述代码非常相似，所以不再重复讲述，相关代码请大家自行阅读。

10.1.3　通过前端观察分页效果

用户在前端页面发起查询员工信息的请求后，前端项目会根据分页相关的设置向后端发起包含分页参数的查询请求，在得到当前页的数据后，再展示在前端页面，具体说明如下。

步骤 01 Pagination组件用来展示分页效果，该组件的index.vue关键代码如下：

```
01  <template>
02    <div :class="{'hidden':hidden}" class="pagination-container">
03      <el-pagination
04        :background="background"
05        :current-page.sync="currentPage"
06        :page-size.sync="pageSize"
07        :layout="layout"
08        :page-sizes="pageSizes"
09        :pager-count="pagerCount"
10        :total="total"
11        v-bind="$attrs"
12        @size-change="handleSizeChange"
13        @current-change="handleCurrentChange"
14      />
15    </div>
16  </template>
```

在该Pagination分页组件中，通过template中的el-pagination元素来定义分页效果，而el-pagination是element-ui组件库中封装的分页组件。

步骤 02 在展示员工信息的employee/index.vue页面，通过如下代码引入Pagination分页组件，其中通过4行代码指定当前展示的页索引号，通过第5行代码指定每页展示数据的数量，通过第6行代码指定通过调用getList方法来调用当前页的员工数据。

```
01    <pagination
02     v-show="total>0"
03     :total="total"
04     :page.sync="queryParams.pageNum"
05     :limit.sync="queryParams.pageSize"
06     @pagination="getList"
07    />
```

引入分页组件后，大家能看到如图10-1所示的分页效果，从下方的分页组件中可以看到，每页展示10条数据。

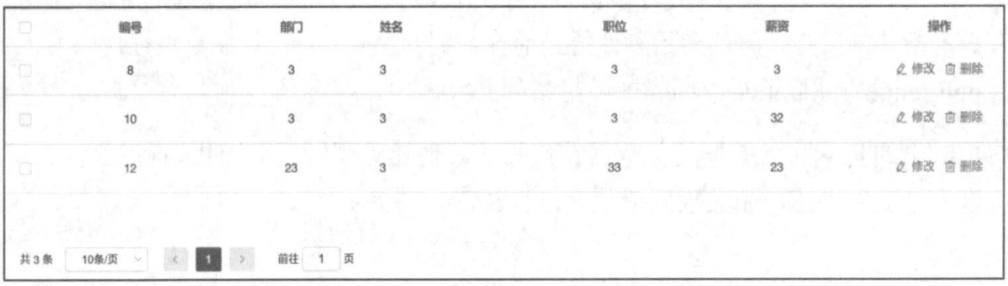

	编号	部门	姓名	职位	薪资	操作
☐	8	3	3	3	3	✎修改 🗑删除
☐	10	3	3	3	32	✎修改 🗑删除
☐	12	23	3	33	23	✎修改 🗑删除

共 3 条　10条/页 ∨　‹ **1** ›　前往 1 页

图 10-1　每页展示 10 条数据的分页效果图

步骤 03 获取当前页数据的getList方法，其代码如下：

```
01    methods: {
02        /** 查询员工信息管理列表 */
03        getList() {
04          this.loading = true;
05          listEmployee(this.queryParams).then(response => {
06            this.employeeList = response.rows;
07            this.total = response.total;
08            this.loading = false;
09          });
10        },
11        省略其他方法
12    }
```

在该方法中，通过第5行代码向后端传入查询参数queryParams，该查询参数中不仅包含待查询的员工参数，还包含页起始索引号和每页展示数据等信息。

该getList方法会被后端项目EmployeeController控制器类中的list方法所处理，根据上文的说明，list方法会先解析前端传递来的分页参数，再到数据表中查询符合条件的员工数据，随后返回给前端，而前端getList方法在得到后端返回的数据后，会展示指定页的员工数据，具体效果如图10-1所示。

此外，在前端分页组件中，还可以设置每页展示的数目，比如可以设置每页只展示一条数据，具体效果如图10-2所示。

图 10-2　每页只展示一条数据的分页效果图

在图10-2中，如果用户单击2和3，就能看到对应数据页的员工数据，如果单击"<"和">"，就能展示上一页和下一页的员工数据。当然，上述操作是通过向后端传输对应的分页参数来实现的。

10.2　引入事务效果

数据库层面的事务是由一句或多句数据库操作语句构成的，数据库系统需要确保构成事务的这些语句要么全都成功执行，要么全都不执行。

Spring Boot后端项目层面的事务是由一条或多条业务操作的代码构成的，同样地，Spring容器需要确保这些动作要么全都成功执行，要么全都不执行。这里讲到的事务是Spring Boot层面的事务，而不是数据库层面的。

10.2.1　用@transactional 实现事务

事务具有"要么全都执行，要么全都不执行"的特性，也就是说，如果事务中有动作执行失败，那么应当撤销该事务中其他已经成功执行的操作，从而回退到事务发生前的状态。

对应地，事务一般包含如下两类常见操作。

（1）提交事务，是指事务中的所有操作都正常，这样就能通过提交事务成功执行相关操作。

（2）回滚事务，也叫回退事务，这里是指操作事务的动作时有异常发生，此时就要通过回滚操作撤销该事务的所有操作。

在Spring Boot项目中，可通过@Transactional注解来定义和管理事务，该注解的常用参数如表10-1所示。

表 10-1　@Transactional 注解常用参数一览表

参数使用范例	说　明
timeout = 5	事务的超时时间，单位是秒，超过这个时间事务还没有返回，则抛出超时异常

（续表）

参数使用范例	说　明
readOnly = false	设置事务只读属性的参数
isolation = Isolation.DEFAULT	事务隔离级别，该参数用于定义事务并发时的处理方式，建议别设置得太高，设置为默认值即可
propagation = Propagation.REQUIRED	事务传播机制，该参数定义了当一个事务方法被另一个事务方法调用时，该事务方法应该如何处理
rollbackFor= Exception.class	设置该事务遇到哪类异常时，需要回滚

10.2.2 事务隔离级别

在用@transactional注解实现事务时，为了确保并发读写数据的正确性，一般需要设置事务隔离级别这个参数。和事务隔离级别相关的，有脏读、不可重复读和幻读这三个概念。

- 脏读是指一个事务读了其他事务还未提交的数据。比如小张的薪资是12000元，财务把他的工资修改成15000元，但还没提交该修改事务，此时另一个事务读取小张的工资，发现是12000元。但此时财务又回滚了修改工资的事务，工资又成了12000元。在这个场景中，读取到的15000元就是一个脏数据。如果在第一个事务提交前，其他事务不能读取其修改过的值，就能避免该问题。
- 不可重复读是指一个事务的操作导致另一个事务前后两次读取到不同的数据,比如在事务1中，小张读到自己工资是12000元，但在另一个事务中，财务修改了他的工资为15000元，并提交了事务，这时小张再次读到的工资就变成15000元，这就叫不可重复读。为了避免此类问题，可以设置在修改事务完全提交之后，才可以允许其他事务读取数据。
- 幻读是指一个事务的操作会导致另一个事务前后两次查询的结果不同。比如在事务1中，能读取到3条工资是12000元的员工数据,但此时另一个事务又插入了一条工资是12000元的数据，那么事务1再次查询时，就会返回4条数据，这就叫幻读。避免幻读的方法是，在操作事务完成数据处理之前，任何其他事务都不可以添加新数据。

在事务层面，为了避免上述问题，可通过设置@Transactional注解的isolation参数来具体定义事务隔离级别，具体的参数值说明如表10-2所示。

表 10-2　@Transactional 事务隔离级别参数一览表

参数取值	说　明
Isolation.READ_UNCOMMITTED	允许脏读、不可重复读和幻读
Isolation. READ_COMMITTED	禁止脏读，但允许不可重复读和幻读
Isolation.REPEATABLE_READ	禁止脏读和不可重复读，但允许幻读
Isolation. SERIALIZABLE	禁止脏读、不可重复读和幻读
Isolation. DEFAULT	采用数据库的默认值

需要注意的是，在使用事务的场景中，并不是把事务隔离级别设置得越高就越好，相反，如果设置得过高，还有可能引发因并发而导致的问题。

比如把该参数设置成最高级别的SERIALIZABLE，表示该事务禁止脏读、不可重复读和幻读的参数值，也就是说，在该事务的执行过程中，如果有更新数据的操作未被提交，那么在更新事务的操作被提交前，其他读该数据的事务会被阻塞。

如果该更新数据的操作长时间（比如半小时）未被提交，那么这个时间段内发起的查询该数据的事务就会一直处于阻塞状态，对应地相关的数据库连接也会一直持续着。这样的数据库连接请求积累到一定数量，就会导致数据库服务器崩溃。

所以，如果没有特殊情况，一般不要去设置事务隔离级别的参数，用Isolation.DEFAULT参数即可，或者干脆不设置该值，直接使用默认参数。

10.2.3　事务传播机制

通过@Transactional注解实现事务时，还可以通过propagation参数来定义事务传播方式。该参数规定了在事务嵌套情况下，事务之间相互调用的方式，该参数有7种取值。表10-3整理了这7种取值及其对应的协调事务的方式。

表 10-3　@Transactional 事务传播机制参数一览表

参数取值	说　　明
Propagation.REQUIRED	说明当前事务必须在一个具有事务的方法中运行，如果该事务的调用方已经处于一个事务中，那么该事务可以在该外部事务中运行，否则就需要重新开启一个事务
Propagation. SUPPORTS	表示当前事务不需要在事务环境中运行，但如果该事务的调用方已经处于一个事务中，那么该事务也能运行
Propagation.MANDATORY	表示当前事务方法必须在一个事务环境中运行，否则将抛出异常
Propagation.REQUIRES_NEW	表示当前事务必须运行在独立的事务中，对此数据库系统将为该方法创建一个新的事务
Propagation.NOT_SUPPORTED	表示该事务不应该在一个事务中运行。如果该事务的调用方处于一个事务环境中，那么该事务方法直到这个事务提交或者回滚才恢复执行
Propagation.NEVER	表示该事务不应该在一个事务中运行，否则就抛出异常
Propagation.NESTED	表示如果当前事务的调用方法处于一个事务环境中，那么该方法应该运行在一个嵌套事务中，被嵌套的事务可以独立于被封装的事务进行提交或者回滚

在大多数使用@transactional注解实现事务的场景中，一般会把表示事务传播机制的参数值设置成Propagation.REQUIRED，或者干脆使用默认值。相比之下，使用其他参数值的场景并不多。

10.2.4　合理设置超时时间

比如在更新员工信息时，需要同时更新其他数据表，而这些操作需要整合成事务的形式，那么就可以在EmployeeController控制器类的edit方法之前加入@transactional注解来实现，具体代码如下：

```
01        @PutMapping
02        @Transactional(timeout = 5,readOnly = false,isolation =
Isolation.DEFAULT,propagation = Propagation.REQUIRED)
03        public AjaxResult edit(@RequestBody Employee employee)   {
04          //其他针对数据库的操作
05          return toAjax(employeeService.updateEmployee(employee));
06        }
```

在第2行的注解中，通过readOnly参数设置了该事务可读可写数据库，通过isolation参数设置了事务隔离级别是默认值，通过propagation参数设置了事务传播机制是REQUIRED，通过timeout参数设置了该事务的超时时间是5秒。

事务超时时间参数的含义是，事务发出后，如果数据库在这段时间内没返回，那么该事务就会抛出"超时异常"。比如从业务角度规定了更新员工操作不能超过2秒，那么该事务的超时时间就不应该超过2秒，比如可以设置成1秒。

10.2.5 合理设置事务的粒度

@transactional注解可以修饰在方法上，也可以修饰在类上，如果修饰在类上，就说明该类中的所有方法都会用事务的方式来管理。从项目开发原则来看，事务的作用范围应当尽可能小，所以如果没有特殊情况，一般把该注解作用在方法上。

该注解可以作用在业务逻辑类、控制器类和数据服务类等层面的方法上，如果作用在控制器类的方法上，就表示该方法对应的请求将会以事务的方式来管理，其他的以此类推。

具体该作用在哪个级别的方法上？这是由业务需求来决定的，不过在很多场景中，会在业务逻辑方法的层面用@transational注解来定义事务。

10.3 用Redis缓存数据

Redis是一种用键一值对格式存储数据的NoSQL数据库，由于Redis数据库是在内存中存储数据的，因此它的读写性能很高，在大多数项目中，通常会用它来作为数据缓存组件。

在本书的第1章中已经给出了在Windows环境中搭建Redis缓存组件的做法，这里就将在此基础上，讲述在后端项目中引入Redis缓存从而提升数据操作性能的做法。

10.3.1 Redis 的数据结构

Redis支持5种数据类型，具体包括字符串（String）类型、哈希（Hash）类型、列表（List）

类型、集合（Set）类型和有序集合（Sorted Set或Zset）类型。

对于字符串类型的数据结构，可以通过如下set和get命令来缓存和读取数据：

```
01  127.0.0.1:6379> set employee_001 Peter EX 3600
02  OK
03  127.0.0.1:6379> get employee_001
04  "Peter"
```

在第1行中，通过set命令设置了键为employee_001对应的数据为Peter，同时还通过set命令的EX参数指定了该键－值对数据的生存时间是3600秒，即一个小时。

如果在一个小时之内，运行第3行的get命令获取employee_001键所对应的数据，就能看到第4行所示的效果，但在一个小时之后，该键－值对数据就会消失。

此外，还可以通过Hash类型的变量来缓存对象数据，具体可以通过hset命令来设置这类数据，通过hget命令来读取数据，相关代码如下：

```
01  127.0.0.1:6379> hset employee_001 name Peter
02  (integer) 1
03  127.0.0.1:6379> hset employee_001 dept DataTeam
04  (integer) 1
05  127.0.0.1:6379> hset employee _001 salary 15000
06  (integer) 1
07  127.0.0.1:6379> hget employee _001 name
08  "Peter"
09  127.0.0.1:6379> hget employee _001 dept
10  "DataTeam"
11  127.0.0.1:6379> hget employee _001 salary
12  "15000"
```

在第1行、第3行和第5行的代码中，通过hset命令向Student_001键插入了3对Hash数据，分别是name:Peter、dept:DataTeam和salary:15000。在插入这些数据后，就可以用第7行、第9行和第11行的hget命令看到具体对应的值。

在Redis中，可以使用list列表的形式在一个键中存储一个或多个数据。具体来说，可以通过lpush命令把一个和多个值依次插入列表的头部，相关用法如下：

```
01  127.0.0.1:6379> lpush emp_001 22 15000 devTeam
02  (integer) 3
03  127.0.0.1:6379> lindex emp_001 0
04  "devTeam"
05  127.0.0.1:6379> lindex emp_001 1
06  "15000"
07  127.0.0.1:6379> lindex emp_001 2
08  "22"
```

在第1行中，通过lpush命令向emp_001这个键中插入了包含3个值的列表数据，由于在插入数据时是在尾部插入的，因此其中devTeam的索引号是0，15000的索引号是1，22的索引号是2，通过第3行、第5行和第7行的三条lindex命令能确认这一点。

和列表类的数据很相似，集合也可以在同一个键下存储一个或多个数据，但集合中存储的数据不能重复。可通过sadd命令向指定键的集合添加一个元素或多个元素，具体用法如下：

```
01  127.0.0.1:6379> sadd empoyeeIDs 001 002 003 001
02  (integer) 3
03  127.0.0.1:6379> smembers empoyeeIDs
04  1) "002"
05  2) "003"
06  3) "001"
```

在第1行代码中，通过sadd命令向empoyeeIDs键插入了4个集合类型的数据，但其中有重复数据，所以根据第2行的输出结果，其实只向该集合中添加了3个数据。

随后通过第3行的smembers命令能看到该集合中的所有数据，从中能进一步确认集合数据类型的"去重"功能。

有序集合与集合一样，在其中都不能出现重复数据，不过在有序集合中，每个元素都会对应个score参数，以此来描述该数据在有序集合中的分数，并且，该分数是有序集合中排序的基础。

可以用zadd命令向有序集合中添加元素，具体用法如下：

```
01  127.0.0.1:6379> zadd Employee 5.0 Peter 3.0 Mary  1.0 Alex
02  (integer) 3
03  127.0.0.1:6379> zrange Employee 0 5
04  1) "Alex"
05  2) "Mary"
06  3) "Peter"
```

通过第1行的zadd方法，能向键为Employee的有序集合中插入若干数据，插入的数据中包括分数和名字。随后通过第3行的zrange命令返回了该有序集合中分数区间从0到5的数据，通过第4~6行的数据，大家能看到zrange命令的运行结果。

10.3.2　用 Redis 缓存员工数据

这里将以"缓存员工数据"为例，讲述在后端Spring Boot项目中引入Redis组件从而提升数据性能的做法。

步骤01 在后端项目的application.yml配置文件中，加入如下Redis配置参数，通过这些参数，该Spring Boot项目能使用工作在本地6379端口的Redis缓存组件。

```
01  spring:
02    # redis 配置
03    redis:
04      # 地址
05      host: localhost
06      # 端口，默认为6379
07      port: 6379
```

同时，需要在pom.xml文件中，通过如下代码引入Redis组件的依赖包。

```
01  <!-- redis 缓存组件 -->
02  <dependency>
03      <groupId>org.springframework.boot</groupId>
04      <artifactId>spring-boot-starter-data-redis</artifactId>
05  </dependency>
```

步骤 02 编写用于在Redis中缓存和读取员工数据的EmployeeRedisDao类，在该类中通过RedisTemplate对象和Redis组件交互，具体代码如下：

```
01  package com.prj.repo;
02  import com.google.gson.Gson;
03  import com.prj.domain.Employee;
04  import org.springframework.beans.factory.annotation.Autowired;
05  import org.springframework.data.redis.core.RedisTemplate;
06  import org.springframework.stereotype.Repository;
07  import java.util.concurrent.TimeUnit;
08  @Repository
09  public class EmployeeRedisDao {
10      @Autowired
11      private RedisTemplate<String, String> redisTemplate;
12      //向Redis缓存中保存员工数据
13      public void saveEmployee(String id, int expireTime, Employee employee){
14          Gson gson = new Gson();
15          redisTemplate.opsForValue().set(id, gson.toJson(employee),
expireTime, TimeUnit.SECONDS);
16      }
17      //从Redis缓存中根据id查找员工数据
18      public Employee findByID(String id){
19          Gson gson = new Gson();
20          Employee employee = null;
21          String employeeJson = redisTemplate.opsForValue().get(id);
22          if(employeeJson != null && !employeeJson.equals("")){
23              employee = gson.fromJson(employeeJson, Employee.class);
24          }
25          return employee;
26      }
27      //从Redis中删除指定id的员工数据
28      public void deleteByID(String id){
29          redisTemplate.opsForValue().getOperations().delete(id);
30      }
31  }
```

在本类中，通过第11行创建的redisTemplate对象来和Redis数据库交互，通过该对象的泛型指定了该对象将在Redis组件中缓存String类型的数据。

在第13行定义的saveEmployee方法中，通过第15行代码把准备在Redis中的员工对象转换成GSON格式的字符串，再通过redisTemplate对象调用Redis的set命令，向Redis组件中缓存这条数据。

其中这条数据的键是员工id，值是GSON格式的员工对象，在保存时为了不让该数据永久存在于Redis中从而导致内存问题，所以需要设置超时时间，即过了这段时间，该缓存数据就会从Redis组件中消失。

在第18行的findByID方法中，先通过第21行代码，用redisTemplate对象调用Redis的get命令，根据id查询员工信息。如果通过第22行的if语句判断出对应id的员工对象存在，那么则通过第23行代码把保存员工信息的GSON格式的数据转换成Employee对象，随后通过第25行代码返回。

在第28行的deleteByID方法中，通过第29行代码，用redisTemplate对象调用Redis的delete方法在Redis中删除指定员工数据。

步骤 03 改写封装员工业务方法的EmployeeServiceImpl类，在增删改查操作的过程中引入Redis缓存操作。具体来说，在更新员工数据前，用如下第4行所示的代码，通过调用employeeRedisDao类中封装的方法删除Redis缓存中的数据，相关代码如下：

```
01  @Override
02  public int updateEmployee(Employee employee) {
03      //在更新前，删除缓存中的数据
04          employeeRedisDao.deleteByID(employee.getId().toString());
05      return employeeMapper.updateEmployee(employee);
06  }
```

在删除员工数据前，也需要删除Redis缓存中对应的数据，相关代码如下：

```
01      @Override
02      public int deleteEmployeeByIds(Long[] ids) {
03          //批量删除缓存中的数据
04          for(int cnt = 0;cnt<ids.length;cnt++){
05              employeeRedisDao.deleteByID(ids[cnt].toString());
06          }
07          return employeeMapper.deleteEmployeeByIds(ids);
08      }
09      @Override
10      public int deleteEmployeeById(Long id) {
11          //在删除数据前，删除缓存中的数据
12          employeeRedisDao.deleteByID(id.toString());
13          return employeeMapper.deleteEmployeeById(id);
14      }
```

这里请注意，在第2行批量删除员工数据的方法中，先通过第4～6行的for循环删除ids对应的缓存数据，随后通过第7行代码，在MySQL数据库中删除这些员工数据。

而在第10行删除一条员工数据的方法是，先通过第12行代码删除Redis缓存中这条员工数据，再通过第13行代码在MySQL中删除这条员工数据。

引入Redis缓存后，获取员工数据的操作会相对复杂一些，相关代码如下：

```
01  @Override
02  public Employee selectEmployeeById(Long id) {
```

```
03      Employee employee = employeeRedisDao.findByID(id.toString());
04      if(employee != null) {
05          return employee;
06      }
07      else {
08          employee = employeeMapper.selectEmployeeById(id);
09          employeeRedisDao.saveEmployee(id.toString(), 24 * 60 * 60, employee);
10          return employee;
11      }
12  }
```

从上述代码可以看到，在该方法中，首先用第3行的代码从Redis缓存中读取数据，如果读到则直接返回，否则通过第7~11行代码从数据表中获取员工数据再返回。

这里请注意，如果从数据表中读到这条员工数据的话，需要用到第9行的代码，把该数据放入Redis缓存，这样下次读取时就可以直接从Redis缓存中获取，具体流程如图10-3所示。

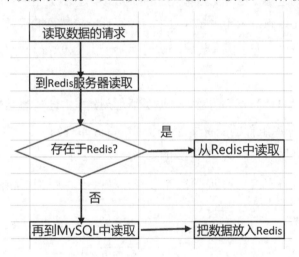

图 10-3　整合 Redis 缓存后获取数据的流程图

10.3.3　合理设置缓存超时时间

为了提升读写数据的性能，Redis组件把数据缓存在内存中。对应地，如果不设置超时时间，那么每次缓存的数据就会一直保存在内存中，久而久之就会导致内存性能问题。

所以在缓存数据时，一般都要为每个数据设置一个合理的超时时间，比如在以上范例中，通过如下代码设置员工数据的超时时间是24小时,过了这个时间段,这条员工数据就会被Redis缓存组件删除。

```
01  //设置超时时间是24小时
02  employeeRedisDao.saveEmployee(id.toString(), 24 * 60 * 60, employee);
```

在实际场景中，可以根据数据的更新频率合理设置超时时间，比如是1小时、24小时或者更长。但无论取值如何，在大多数Redis组件缓存数据的场景中都需要设置缓存时间。

10.4 MyCat组件与分库分表

除可以使用前面提到的Redis缓存组件提升数据库性能外，在大数据场景中，还能使用MyCat分库组件来提升性能。

MyCat分库分表组件能按照在配置文件中的定义，把大数据量的表拆分成若干子表，拆分后针对大数据表的访问请求就会被分摊到子表中，从而有效提升读写大数据表的性能。

10.4.1 分库需求与 MyCat 组件

比如某大数据表的主键是id，该表规模是千万级甚至是亿级，在读写该表的场景中，哪怕引入缓存或索引等优化措施，由于表规模过大，读写性能依然可能很低。

在这种大数据场景中，为了提升数据库访问性能，引入MyCat分库分表组件对大表进行拆分，具体做法如下。

（1）在若干（比如3个）不同的数据库服务器上创建具有相同表结构的数据表。

（2）编写MyCat分库组件的配置文件，合理制定分库规则，比如1号数据库只存放id%3等于1的数据，2号数据库只存放id%3等于2的数据，以此类推。

这样规模较大的业务表就会被拆分成5个子表，具体效果如图10-4所示。

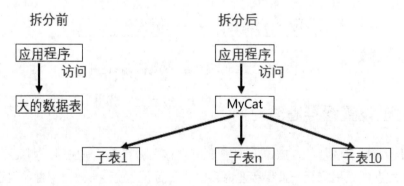

图 10-4 分库分表的效果图

引入MyCat分库分表组件后，插入、删除、更新和读取数据时，MyCat组件能根据分库规则对应的子表中操作。

在真实项目中，即使采用索引和缓存等数据库调优机制，单台数据库的读写性能是有上限的，比如单台服务器每秒读写上限是500个请求。但如果通过MyCat组件把大表拆分成若干子表，同时把这些子表部署到不同主机上，那么就相当于使用不同数据库服务器来分摊对数据库的读写请求，这样就能有效提升数据库的读写性能。

使用MyCat组件时，一般通过配置如表10-4所示的三个文件来定义分库方式。在后面的描述中，将具体给出定义配置文件实现分库效果的实践要点。

表 10-4　MyCat 配置文件说明表

配置文件名	作　用
server.xml	配置 MyCat 对外提供服务的信息，比工作端口、连接用户名和密码等
schema.xml	配置分库信息，具体定义各子数据库的访问 IP 和端口
rule.xml	配置分库规则

10.4.2　搭建 MyCat 环境，观察分库效果

这里将给出针对employee员工表进行分库操作的详细步骤。

先在本地MySQL数据库中创建名为db1、db2和db3的三个数据库（Schema），在这三个数据库中，都创建一个employee表，该表的字段如表10-5所示。

表 10-5　员工信息表的字段信息一览表

字　段　名	含　义
id	员工 ID，该表的主键
dept	员工部门
name	员工姓名
position	该员工的职位
salary	员工薪资

需要说明的是，员工表数据量规模其实不大，所以从提升性能的角度，不用设置分库，这里设置纯粹是为了演示。而且，在实际分库场景中，为了提升数据库访问的性能，应当把拆分后的子表部署在三台不同的数据库服务器上,这样才能用不同的数据库服务器来均摊针对大表的访问请求。这里出于演示方便的目的，把3个子表放在同一台主机上。

随后，到MyCat官网下载MyCat组件的安装包，比如可以下载基于Windows操作系统的1.6版本。下载解压后，能看到如图10-5所示的目录结构。

图 10-5　MyCat 分库组件目录效果图

其中MyCat组件的启动等命令文件存放在bin目录中，而三个配置文件存放在conf目录中。

进入conf目录，编写三个配置文件定义分库规则，其中用于配置MyCat对外服务参数的server.xml配置文件代码如下：

```
01  <?xml version="1.0" encoding="UTF-8"?>
02  <!DOCTYPE mycat:server SYSTEM "server.dtd">
03  <mycat:server xmlns:mycat="http://io.mycat/">
04
05      <property name="serverPort">8066</property>
06          <property name="managerPort">9066</property>
07   </system>
08  <user name="root">
09  <property name="password">123456</property>
10  <property name="schemas">TESTDB</property>
11  </user>
12  </mycat:server>
```

上述配置通过第5行代码定义了MyCat组件的工作端口是8066，通过第8～11行代码定义了可以用root和123456这对用户名和密码登录MyCat组件，登录后，会自动进入TESTDB数据库。

这里TESTDB数据库是个虚拟数据库，无须在MyCat和MySQL中创建。通过该虚拟数据库，MyCat组件能连接到拆分后的employee子表，进行各种分库操作。

而用来定义分库规则的rule.xml文件代码如下：

```
01  <?xml version="1.0" encoding="UTF-8"?>
02  <!DOCTYPE mycat:rule SYSTEM "rule.dtd">
03  <mycat:rule xmlns:mycat="http://io.mycat/">
04      <tableRule name="mod-long">
05          <rule>
06              <columns>id</columns>
07              <algorithm>mod-long</algorithm>
08          </rule>
09      </tableRule>
10      <function name="mod-long"
class="io.mycat.route.function.PartitionByMod">
11          <property name="count">3</property>
12      </function>
13  </mycat:rule>
```

上述配置文件通过第4～9行代码定义了名为mod-long的分库规则，该分库规则采用的算法如第7行所示，是mod-long，从第6行代码中能看到该分库规则所对应的字段是id。

在该配置文件的第10～12行中定义了mod-long分库规则中的mod-long分库算法，该算法将对id字段进行mod 3操作，并根据取模的结果，把针对employee表的读写操作定位到具体的子表中。这里分库算法中取模的数值3需要和子表的个数相同，否则就会出错。

用来配置分库信息的schema.xml文件相关代码如下：

```
01  <?xml version="1.0"?>
02  <!DOCTYPE mycat:schema SYSTEM "schema.dtd">
03  <mycat:schema xmlns:mycat="http://io.mycat/">
```

```
04   <schema name="TESTDB" checkSQLschema="true" >
05       <table name="employee" dataNode="dn1,dn2,dn3" rule="mod-long" />
06   </schema>
07   <dataNode name="dn1" dataHost="localhost1" database="db1" />
08   <dataNode name="dn2" dataHost="localhost1" database="db2" />
09   <dataNode name="dn3" dataHost="localhost1" database="db3" />
10   <dataHost name="localhost1" maxCon="1000" minCon="10" balance="0"
writeType="0" dbType="mysql" dbDriver="native" switchType="1"  slaveThreshold="100">
11   <heartbeat>select user()</heartbeat>
12   <writeHost host="hostM1" url="localhost:3306" user="root"
password="123456">
13   </writeHost>
14   </dataHost>
15   </mycat:schema>
```

该配置文件第4~6行代码定义了employee子表部署在dn1、dn2和dn3这三个数据节点上，同时针对这三个子表将采用rule.xml中定义的mod-long（id模3）的分库规则。随后通过第7~9行代码定义了employee三个子表部署所在的dn1、dn2和dn3这三个数据节点，它们分别指向本地MySQL的db1、db2和db3数据库。

在第10~13行代码中定义了名为localhost1host1的数据库，具体来说，通过dbType参数定义了localhost1host1数据库是MySQL类型的，通过maxCon和minCon等参数指定了该数据库的最大和最小连接数，随后通过第12行代码指定了连到localhost:3306的MySQL数据库的用户名和密码。

综上所述，通过三个配置文件的定义，后端应用程序可通过root用户名和123456密码连接到工作在8066端口的MyCat组件上。

而从图10-6中，大家能看到通过上述三个配置文件定义的分库关系。如果应用程序要通过MyCat组件对employee表进行增删改查操作，那么MyCat组件会先对请求所携带的id参数进行模3运算，随后根据结果把该请求定位到具体的子表上。

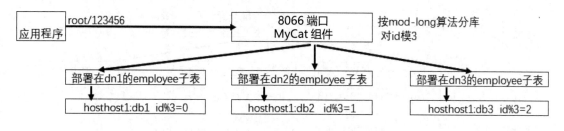

图 10-6　针对 employee 数据表的分库效果表

完成上述配置后，可打开一个命令行窗口，进入MyCat组件的bin目录，并在其中运行startup_nowrap.bat命令来启动MyCat组件。运行该命令后，如果看到如图10-7所示的提示信息，那么就能确认MyCat组件成功启动。

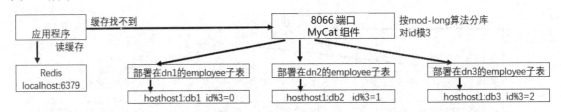

图 10-7　MyCat 组件成功启动的效果图

10.4.3　以分库的方式读写员工表

引入MyCat组件后，后端通过MyCat组件连接MySQL数据库，所以需要对应地修改在application.yml文件中的数据库连接代码，修改后的关键代码如下：

```
01  spring:
02    datasource:
03      driverClassName: com.mysql.cj.jdbc.Driver
04      #数据源
05      url: jdbc:mysql://localhost:8066/TESTDB?useSSL=false
06      username: root
07      password: 123456
```

这里改动了第5行代码，把连接url改成本地8066，即MyCat的工作端口，其他代码无须改动。

10.4.4　同时整合 Redis 和 MyCat

为了提升数据库访问性能，后端项目可以同时整合MyCat和Redis组件。整合后的效果如图10-8所示。

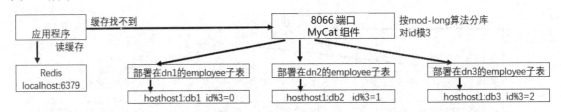

图 10-8　整合 Redis 和 MyCat 的效果图

从图10-7中可以看到，在收到读数据库的请求后，后端项目先会到Redis缓存中查找数据，如果找到则直接返回，否则通过MyCat组件到对应的employee子表中查找数据。这里整合的相关要点如下所述。

（1）用10.4.3节给出的代码修改application.yml配置文件中的数据库连接参数，具体需要连接到localhost:8066，即MyCat的工作端口。

（2）用10.3.3节给出的EmployeeRedisDao来读取数据，在该文件中，先到Redis中读取数据。

综上所述，这样后端应用程序在收到读写员工数据的请求后，会先到Redis缓存中查询，如果找不到，再通过8066端口到MyCat组件用分库分表的方式来读写，从而有效整合缓存和分库组件。

10.5　实 践 练 习

（1）阅读10.1节的内容，理解前后端项目中和分页有关的代码，在此基础上，通过改写前端的代码设置"每页展示5条数据"的前端展示效果。

（2）阅读10.2节的内容，理解事务的概念，以及其中包含的事务超时时间、事务隔离级别和事务传播机制的概念。在此基础上，在封装员工业务方法的EmployeeServiceImpl类的"新增员工数据"的方法前，通过@transactional注解引入事务，并设置该事务的超时时间是1秒。

（3）在阅读10.3节关于Redis缓存内容的基础上，改写代码，在封装部分的业务方法DeptServiceImpl类的诸多方法中引入关于Redis缓存的操作。具体要求是，在更新和删除部门数据之前，需要先删除Redis缓存中的对应数据，到MySQL数据表中查询部门数据前，先到Redis缓存中查询，如果没有再到MySQL中查询，并需要把查询到的数据放入Redis缓存。

第 **11** 章
全栈系统的前后端交互

本章将讲述前后端系统交互的实战要点,具体包括前端 Vue 项目用 Axios 组件请求数据的做法、发送跨域请求的做法以及后端 Spring Boot 项目通过 Spring Security 组件实现身份的做法。

通过本章的学习,大家不仅能完整地掌握全栈系统业务请求的处理流程和相关语法,还能掌握各种前后端交互技术的实践要点,尤其是基于跨域和 Spring Security 框架的技术实践要点。

11.1 Axios组件概述

前端页面会根据用户输入的请求向后端发起各种增删改查操作,这些请求操作一般是通过组件来完成的,本全栈系统所用的是Axios组件。

Axios组件封装了各种针对HTTP协议的网络请求方法,能高效地把请求和响应数据转换成JSON格式,而且还能以异步的方式请求和处理数据,所以该组件得到了比较广泛的应用。

11.1.1 同步和异步交互方式

前后端项目的交互一般具有同步和异步这两种交互方式,相关效果如图11-1所示。

在同步处理请求的场景中,前端项目发出请求后,会一直等待,在等待过程中不会释放CPU或内存等相关资源,一直等到后端项目返回结果后,才会释放相关资源。

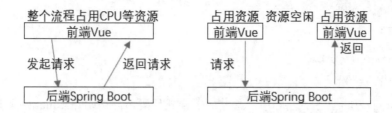

图 11-1　前后端两种交互方式的对比效果图

相比之下，在异步处理的场景中，前端项目发出请求后，会立即释放资源，而在收到后端项目发回的结果后，会再次申请资源完成后续的数据展示等动作。这样的异步处理方式能有效提升前端性能，本章所讲的Axios组件采用异步方式发送前端请求并处理后端返回的数据。

11.1.2　在前端引入 Axios 组件

Axios是一个封装HTTP请求的前端方法库，通过使用这个库，程序员能在Vue等前端项目中高效地发送GET和POST等类型的HTTP请求，并能用异步的方式处理后端返回结果。

为了能在本书给出的前端项目中引入Axios组件，需要在package.json的dependencies部分通过如下代码引入Axios组件包，本项目所用的是0.24.0版本的axios组件包。

```
01    "dependencies": {
02     "axios": "^0.24.0",
03      省略引入其他组件包的代码
04    }
```

11.2　用Axios组件实现前后端交互

为了能解耦合业务逻辑和向后端发送请求的实现细节，本项目在utils/request.js中封装了基于Axios组件的前后端交互相关方法，而在dept_info.js等业务逻辑实现类中，调用request.js中的方法实现同后端的交互请求动作。

11.2.1　在 request.js 中封装 Axios 实例

在本项目utils路径下的request.js文件中，通过如下axios.create方法创建Axios实例，根据process.env.VUE_APP_BASE_API参数的定义，该实例包含的通用请求前缀是localhost:8080，该实例的请求超时时间是2000毫秒，即该请求在发出后2秒内没得到回应，将会抛出超时异常。

```
01  import axios from 'axios'
02  // 创建请求实例
03  const service = axios.create({
04    // 定义公共的请求前缀
05   baseURL: process.env.VUE_APP_BASE_API,
```

```
06    // 超时
07    timeout: 2000
08  })
09  //暴露对外提供服务的service对象
10  export default service
```

在dept_info.js等的业务层代码中，通过如下样式代码，在初始化request对象时调用上文提到的axios.create方法创建Axios组件实例，并通过该实例发出get等类型的HTTP请求。

```
01  // 查询部门信息管理详细
02  export function getDept_info(id) {
03    return request({
04      url: '/dept_info/' + id,
05      method: 'get'
06    })
07  }
```

同时，在request.js文件中，还通过如下代码定义了针对response响应对象的拦截器方法，一旦后端项目响应了通过Axios发出的HTTP请求，该拦截器方法就会被触发。

```
01  // 响应response拦截器
02  service.interceptors.response.use(res => {
03    const code = res.data.code || 200;
04    // 获取错误信息
05    const msg = res.data.msg || errorCode[code] || errorCode['default']
06    if (code === 401) {
07      MessageBox.confirm('登录状态已过期，请重新登录', '系统提示', {
08          confirmButtonText: '重新登录',
09          cancelButtonText: '取消',
10          type: 'warning'
11        }
12      ).then(() => {
13        store.dispatch('LogOut').then(() => {
14          location.href = '/index';
15        })
16      }).catch(() => {});
17      return Promise.reject('会话已过期，请重新登录。')
18    } else if (code === 500) {
19      Message({
20        message: msg,
21        type: 'error'
22      })
23      return Promise.reject(new Error(msg))
24    } else if (code !== 200) {
25      Notification.error({
26        title: msg
27      })
28      return Promise.reject('error')
29    } else {
30      return res.data
31    }
32  },
```

```
33    error => {
34      let { message } = error;
35      if (message == "Network Error") {
36        message = "后端接口连接异常";
37      }
38      else if (message.includes("timeout")) {
39        message = "系统接口请求超时";
40      }
41      Message({
42        message: message,
43        type: 'error',
44        duration: 2000
45      })
46      return Promise.reject(error)
47    }
48  )
```

该拦截器的代码写在参数中，用"res =>"开头，其中体现了Axios组件异步处理的方式。即Axios组件向后端发出请求后，一旦请求返回，就会创建一个线程，并执行"res =>"之后"{}"之间的代码。

具体来说，首先会在第3行中获取由res.data.code参数封装的返回码，如果返回码是表示权限错误的401或表示系统错误的500，或者不是200，那么就会分别运行第6行、第18行或第24行定义的if分支代码，展示响应的错误提示并进行对应的错误处理。

如果返回码是200，那么该拦截器依然会拦截请求，但不会进行任何错误处理，而会把返回数据传递给发出请求的模块，进而在前端页面展示返回结果。

11.2.2　在业务类中调用 Axios 方法

在前端项目的dept_info.js、employee.js、employee_kpi.js、hirenum.js和salary_level.js等文件中，封装了部门信息管理、员工信息管理、员工考核信息管理、招聘信息管理和薪资水平信息管理等业务方法，在其中通过调用封装在request.js中Axios的方法，向后端发起调用请求。

比如在dept_info.js文件的代码如下，在其中封装了针对部门信息的增删改查方法。

```
01  import request from '@/utils/request'
02  // 查询部门信息管理列表
03  export function listDept_info(query) {
04    return request({
05      url: '/dept_info/list',
06      method: 'get',
07      params: query
08    })
09  }
10  // 查询部门信息管理详细
11  export function getDept_info(id) {
12    return request({
13      url: '/dept_info/' + id,
```

```
14        method: 'get'
15      })
16    }
17    // 新增部门信息管理
18    export function addDept_info(data) {
19      return request({
20        url: '/dept_info',
21        method: 'post',
22        data: data
23      })
24    }
25    // 修改部门信息管理
26    export function updateDept_info(data) {
27      return request({
28        url: '/dept_info',
29        method: 'put',
30        data: data
31      })
32    }
33    // 删除部门信息管理
34    export function delDept_info(id) {
35      return request({
36        url: '/dept_info/' + id,
37        method: 'delete'
38      })
39    }
```

在第3～9行的listDept_info方法中，通过第4行的request对象向后端发送了get类型的/dept_info/list请求，实现了查询部门信息的操作，而在request对象中，该请求是通过Axios对象发送到后端的。

在第11～16行的getDept_info方法中，通过request对象向后端发送了get类型的"/dept_info/' + id"请求，实现了查询指定部门id信息的操作。

在第18～24行的addDept_info方法中，通过request对象向后端发送了post类型的/dept_info请求，实现了添加部门信息的操作，而待添加的部门信息是通过第22行的data对象传递到后端的。

在第26～32行的updateDept_info方法中，通过request对象向后端发送了put类型的/dept_info请求，实现了更新部门信息的操作，而更新后的部门信息是通过第22行的data对象传递到后端的。

在第34～39行的delDept_info方法中，通过request对象向后端发送了delete类型的"/dept_info/' + id"请求，实现了根据id删除部门的操作。

在employee.js等其他业务类中，也是通过类似的代码，通过request向后端发送增删改查类型的请求，相关代码请大家自行阅读，这里就不再重复讲述了。

11.2.3　页面发起请求，异步处理返回

在dept_info/index.vue等前端页面中，会调用dept_info.js等业务类中的js方法，向后端发起增删改查类型的请求，同时会用异步的方式处理返回结果。

比如在dept_info/index.vue文件中，用于查询所有部门信息的getList方法，其代码如下：

```
01  getList() {
02      this.loading = true;
03      listDept_info(this.queryParams).then(response => {
04       this.dept_infoList = response.rows;
05       this.total = response.total;
06       this.loading = false;
07      });
08    }
```

在该方法第3行的代码中，调用了dept_info.js文件中的listDept_info方法，向后端发起了查询部门信息的请求，一旦收到该请求的返回结果，会触发response =>之后的代码，在前端展示查询结果。

在dept_info/index.vue文件的submitForm方法中，调用了 updateDept_info和addDept_info方法，向后端发起新增和更新部门的请求，具体代码如下：

```
01    submitForm() {
02      this.$refs["form"].validate(valid => {
03       if (valid) {
04        if (this.form.id != null) {
05         updateDept_info
06         (this.form).then(response => {
07          this.$modal.msgSuccess("修改成功");
08          this.open = false;
09          this.getList();
10         });
11        } else {
12         addDept_info(this.form).then(response => {
13          this.$modal.msgSuccess("新增成功");
14          this.open = false;
15          this.getList();
16         });
17        }
18       }
19      });
20    }
```

从中可以看到，在这两个方法之后，依然是通过response =>的形式，以异步的方式定义接到请求后的后续操作。

在dept_info/index.vue文件的handleDelete方法中调用了delDept_info方法，向后端发起删除部门信息的请求，具体代码如下：

```
01    handleDelete(row) {
02      const ids = row.id || this.ids;
03      this.$modal.confirm('是否确认删除部门信息管理编号为"' + ids + '"的数据项?
').then(function() {
04        return delDept_info(ids);
05      }).then(() => {
06        this.getList();
07        this.$modal.msgSuccess("删除成功");
08      }).catch(() => {});
09    }
```

其中在第5行的then(() =>代码块中,以异步的方式定义了收到返回结果的操作。

在其他前端页面中,也是通过类似的代码,通过调用js中的方法向后端发起请求,并用异步的方式处理请求,相关代码请大家自行阅读里,这里就不再重复分析了。

11.3 解决跨域问题

本项目前端项目的工作地址是http://localhost:80,其中http是网络协议,localhost是域名,80是工作端口,而后端项目的工作地址是http:localhost:8080,其中也有对应的协议、域名和地址。

如果发起请求所在主机(也称为域)和处理请求所在主机的协议、域名和端口号这三者中有任何一项不同,那么发出的请求就叫跨域请求。也就是说,本全栈项目前端向后端发出的请求就叫跨域请求。

出于网络安全性方面的考虑,跨域请求会被限制,即在本全栈系统中,Spring Boot后端不能直接处理跨域请求,为了解决这一问题,需要在后端项目中引入CORS解决方案。

在CORS(Cross Origin Resource Sharing,跨域资源共享)解决方案中,前端在发送请求前,需要预先用OPTIONS的方式发送一个询问请求,通过该请求得知,在后端支持跨域请求的前提下再发送真正的请求。

具体来说,在该后端Spring Boot项目中,添加一个名为ResourcesConfig的配置类,在其中添加一个基于CORS的拦截器,这样前端发来的基于OPTIONS的询问请求会被该拦截器处理,一律返回"可接受跨域请求",相关代码如下:

```
01  import org.springframework.context.annotation.Bean;
02  import org.springframework.context.annotation.Configuration;
03  import org.springframework.web.cors.CorsConfiguration;
04  import org.springframework.web.cors.UrlBasedCorsConfigurationSource;
05  import org.springframework.web.filter.CorsFilter;
06  import org.springframework.web.servlet.config.annotation.WebMvcConfigurer;
07  @Configuration
08  public class ResourcesConfig implements WebMvcConfigurer{
09      //配置跨域信息的类
```

```
10      @Bean
11      public CorsFilter corsFilter() {
12          CorsConfiguration config = new CorsConfiguration();
13          config.setAllowCredentials(true);
14          // 设置访问源地址
15          config.addAllowedOriginPattern("*");
16          // 设置访问源请求头
17          config.addAllowedHeader("*");
18          // 设置访问源请求方法
19          config.addAllowedMethod("*");
20          // 有效期为 2000秒
21          config.setMaxAge(2000L);
22          // 添加映射路径，拦截一切请求
23          UrlBasedCorsConfigurationSource source = new
UrlBasedCorsConfigurationSource();
24          source.registerCorsConfiguration("/**", config);
25          // 返回新的CorsFilter
26          return new CorsFilter(source);
27      }
28  }
```

在该类中，通过第7行的Configuration注解说明本类将起到配置类的作用。该类实现了WebMvcConfigurer接口，并在第8行中通过编写corsFilter方法设置了本项目支持跨域请求。具体来说，在该方法的第24行代码中，设置了本后端项目的所有接口方法，都支持跨域请求。

11.4 Spring Security组件与安全管理

在全栈项目中，出于安全性方面的考虑，一般需要通过登录等方式验证用户的身份，在此基础上开放对应的页面和接口访问权限。

本系统通过Spring Security框架提供的方法来实现身份验证功能，并在此基础上生成用户的Token，并以此实现权限管理的效果。

11.4.1 Spring Security 框架说明

Spring Security是Spring层面的安全管理框架，它能提供面向"身份验证"和"权限管理"这两方面的安全解决方案。

从底层实现角度来看，该框架用到了Spring框架内的依赖注入和面向切面编程等技术，所以程序员能在Spring Boot项目中用注解和配置文件的方式高效地引入该框架提供的安全管理相关方法，从而具体配置验证身份和管理权限的细节参数和服务方法。

从技术角度来看，Spring Security框架通过Spring Boot项目内的过滤器来拦截请求，并对请求所携带的身份信息进行认证，如果请求不包含所需的身份信息，比如Token，那么基于Spring Security的拦截器就会拦截掉这些请求，使之无法访问页面或后端API服务。

11.4.2　引入依赖包，编写配置参数

在本系统的后端项目的pom.xml文件中，需要通过如下代码引入Spring Security和Token相关的依赖包，这样才能在项目中使用相关方法。

```
01  <!-- spring security 安全认证 -->
02  <dependency>
03        <groupId>org.springframework.boot</groupId>
04  <artifactId>spring-boot-starter-security</artifactId>
05  </dependency>
06  <!-- Token生成与解析-->
07  <dependency>
08     <groupId>io.jsonwebtoken</groupId>
09     <artifactId>jjwt</artifactId>
10  </dependency>
```

同时，需要在application.yml配置文件中通过如下代码配置Token的基本参数，具体是通过第3行代码配置使用Token来验证身份，通过第6行代码设置Token密钥，通过第8行代码设置Token的有效期。

```
01  # Token配置
02  token:
03     # Token自定义标识
04     header: Authorization
05     # 密钥
06     secret: springbootVue123
07     # 有效期
08     expireTime: 30
```

11.4.3　设置资源访问策略

在本后端Spring Boot项目中，需要通过使用Spring Security框架的接口来定义本项目资源的访问策略，具体包括哪些资源可以匿名访问，哪些资源需要在身份验证后才能访问。

这些设置访问策略的代码编写在SecurityConfig类中，该类继承了Spring Security框架的WebSecurityConfigurerAdapter类，该类代码比较长，这里将会分步骤说明。

首先，通过如下代码定义各种权限相关的处理类，包括实现用户登录信息的认证类、用户退出登录的处理类、Token认证过滤器和跨域过滤器。

```
01  //省略必要的package和import代码
02  @EnableGlobalMethodSecurity(prePostEnabled = true, securedEnabled = true)
03  public class SecurityConfig extends WebSecurityConfigurerAdapter {
04      //定义实现用户登录信息的认证类
05      @Autowired
06      private UserDetailsService userDetailsService;
07      //退出登录的处理类
```

```
08        @Autowired
09        private LogoutSuccessHandlerImpl logoutSuccessHandler;
10        //Token认证过滤器
11        @Autowired
12        private JwtAuthenticationTokenFilter authenticationTokenFilter;
13        //跨域过滤器
14        @Autowired
15        private CorsFilter corsFilter;
```

随后，通过@Bean的方式注入身份验证管理类和密码加密类，从如下第19～21行代码中可以看到，本项目将采用Spring Security自带的authenticationManagerBean类来进行身份验证，通过第25行代码可以看到，本项目采用基于BCrypt的方法来加密密码。

```
16        //身份验证管理类
17        @Bean
18        @Override
19        public AuthenticationManager authenticationManagerBean() throws
Exception {
20            return super.authenticationManagerBean();
21        }
22        //加密密码
23        @Bean
24        public BCryptPasswordEncoder bCryptPasswordEncoder() {
25            return new BCryptPasswordEncoder();
26        }
```

在此基础上，本类通过如下的configure方法来设置指定资源的访问策略。

具体来说，通过第33行代码启用Token，通过第37行代码指定用户可以用匿名的方式访问登录和获取验证码的后端方法，通过第38～46行代码指定访问HTML和CSS等文件时不需要鉴权，通过第47～51行代码指定可以匿名访问swagger-ui.html等资源，通过第53行代码指定除此以外的资源都需要在鉴权后访问。

在此基础上，configure方法通过第56行代码指定登出动作的处理方法，通过第58～61行代码在Spring的请求处理链中添加处理Token的JWT过滤器和处理跨域请求的CORS过滤器，这样Token鉴权和跨域处理机制才能生效。

```
27        @Override
28        protected void configure(HttpSecurity httpSecurity) throws Exception {
29            httpSecurity
30                    // CSRF禁用，因为不使用session
31                    .csrf().disable()
32                    // 基于Token，所以不需要session
33                    .sessionManagement().sessionCreationPolicy
(SessionCreationPolicy.STATELESS).and()
34                    // 过滤请求
35                    .authorizeRequests()
36                    // 对于登录login、验证码captchaImage 允许匿名访问
37                    .antMatchers("/login", "/captchaImage").anonymous()
38                    .antMatchers(
```

```
39                           HttpMethod.GET,
40                           "/",
41                           "/*.html",
42                           "/**/*.html",
43                           "/**/*.css",
44                           "/**/*.js",
45                           "/profile/**"
46                   ).permitAll()
47                   .antMatchers("/swagger-ui.html").anonymous()
48                   .antMatchers("/swagger-resources/**").anonymous()
49                   .antMatchers("/webjars/**").anonymous()
50                   .antMatchers("/*/api-docs").anonymous()
51                   .antMatchers("/druid/**").anonymous()
52                   // 除上面外的所有请求全部需要鉴权认证
53                   .anyRequest().authenticated()
54                   .and()
55                   .headers().frameOptions().disable();
56          httpSecurity.logout().logoutUrl("/logout").
logoutSuccessHandler(logoutSuccessHandler);
57          // 添加JWT filter
58          httpSecurity.addFilterBefore(authenticationTokenFilter,
UsernamePasswordAuthenticationFilter.class);
59          // 添加CORS filter
60          httpSecurity.addFilterBefore(corsFilter,
JwtAuthenticationTokenFilter.class);
61          httpSecurity.addFilterBefore(corsFilter, LogoutFilter.class);
62      }
```

由于用户的登录密码已经被加密，因此在验证用户身份时，在从数据库中得到该用户的密码后，本项目还需要通过调用第64～66行的方法，解密用户密码，完成身份验证操作。

```
63      @Override
64      protected void configure(AuthenticationManagerBuilder auth) throws
Exception{
65          //该注释用来解密登录所用的密码
auth.userDetailsService(userDetailsService).passwordEncoder(bCryptPasswordEncoder(
));
66      }
67  }
```

11.4.4　登录流程说明

在本全栈系统中，用户在前端输入用户名和密码等登录信息，在发出登录请求后，会调用后端项目LoginController控制器类中的login方法进行身份验证操作，相关代码如下：

```
01  //省略必要的package和import代码
02  @RestController
03  public class LoginController {
04      @Autowired
05      private LoginService loginService;
```

```
06      @PostMapping("/login")
07      public AjaxResult login(@RequestBody LoginBody loginBody)
08      {
09          AjaxResult ajax = AjaxResult.success();
10          // 完成登录，生成Token
11          String token = loginService.login(loginBody.getUsername(),
loginBody.getPassword(), loginBody.getCode(),
12                  loginBody.getUuid());
13          ajax.put(Constants.TOKEN, token);
14          return ajax;
15      }
16  }
```

在第7~15行的login方法中，通过第11行代码调用loginService对象的login方法完成了身份验证，并得到该用户的Token。

随后通过第13行和第14行代码把Token放入ajax对象并返回给前端，此后该用户操作发向后端的请求都会带有该Token。反之不带Token发向后端的请求会返回403权限验证错误。

而在LoginService类中验证用户身份的login方法中，一方面会调用Spring Security框架的方法验证用户身份，另一方面会根据验证用户身份得到的用户对象生成Token，相关代码如下：

```
01      //验证用户身份的方法
02      public String login(String username, String password, String code, String
uuid) {
03          //检查图片验证码
04          validateCaptcha(username, code, uuid);
05          // 用户验证
06          Authentication authentication = null;
07          Try {
08              //调用UserDetailsServiceImpl.loadUserByUsername
09              authentication = authenticationManager
10                  .authenticate(new
11  UsernamePasswordAuthenticationToken(username, password));
12          }
13          catch (Exception e) {
14              if (e instanceof BadCredentialsException){
15                  throw new UserPasswordNotMatchException();
16              }
17              Else {
18                  throw new ServiceException(e.getMessage());
19              }
20          }
21          LoginUser loginUser = (LoginUser) authentication.getPrincipal();
22          // 生成Token
23          return tokenService.createToken(loginUser);
24      }
```

在本方法中，通过第9~11行的方法，根据由参数传入的用户名和密码等信息完成身份验证操作，事实上这段代码会触发Spring Security框架中UserDetailsServiceImpl类中的loadUserByUsername方法，到数据表中获取用户的身份和密码完成身份验证。

在此基础上，还会通过第21行和第23行代码根据用户生成Token并返回。根据前面提到的LoginController控制器层的代码，这里生成的Token会返回给前端，之后前端发出的各种请求都会包含这个Token。

而生成用户Token的方法封装在TokenService类中，相关代码如下：

```
01  //省略必要的package和import代码
02  @Component
03  public class TokenService{
04      // 令牌密钥，在application.yml中定义
05      @Value("${token.secret}")
06      private String secret;
07      // 创建Token
08      public String createToken(LoginUser loginUser) {
09          String token = IdUtils.fastUUID();
10          loginUser.setToken(token);
11          //刷新Token
12          refreshToken(loginUser);
13          Map<String, Object> tokenMap = new HashMap<>();
14          tokenMap.put(Constants.LOGIN_USER_TOKEN_KEY, token);
15          return createToken(tokenMap);
16      }
17      // 生成Token
18      private String createToken(Map<String, Object> claims) {
19          String token = Jwts.builder()
20                  .setClaims(claims)
21                  .signWith(SignatureAlgorithm.HS512, secret).compact();
22          return token;
23      }
24      // 刷新Token有效期
25      public void refreshToken(LoginUser loginUser) {
26          loginUser.setLoginTime(System.currentTimeMillis());
27          loginUser.setExpireTime(loginUser.getLoginTime() + expireTime *
MILLIS_MINUTE);
28          // 根据uuid将loginUser缓存
29          String userKey = getTokenKey(loginUser.getToken());
30          redisCache.setCacheObject(userKey, loginUser, expireTime,
TimeUnit.MINUTES);
31      }
32  }
```

LoginService类中调用的是第8行的createToken方法，该方法的参数是包含用户登录信息的loginUser对象，在该方法中，首先用第12行代码刷新当前用户的Token有效期，随后在第15行代码中调用参数为HashMap类型的createToken方法生成Token。

在第18行定义的参数为HashMap类型的createToken方法中，调用了Jwts类型的builer方法生成Token，在生成时用到了定义在application.yml中的Token密钥。

这里在生成Token后，会随之和用户对象loginUser绑定，这样该用户在登录后发出的后端调用方法都会携带该Token，以便进行鉴权操作。

11.4.5　用过滤器实现 Token 鉴权

在本项目中，在JwtAuthenticationTokenFilter过滤器中实现基于Token的鉴权功能，相关代码如下：

```
01    //省略必要的package和import代码
02    @Component
03    public class JwtAuthenticationTokenFilter extends OncePerRequestFilter {
04        @Autowired
05        private TokenService tokenService;
06        @Override
07        protected void doFilterInternal(HttpServletRequest request,
HttpServletResponse response, FilterChain chain)
08                throws ServletException, IOException    {
09            LoginUser loginUser = tokenService.getLoginUser(request);
10            if (loginUser != null && SecurityUtils.getAuthentication() == null)  {
11                tokenService.verifyToken(loginUser);
12                UsernamePasswordAuthenticationToken authenticationToken = new
UsernamePasswordAuthenticationToken(loginUser, null, loginUser.getAuthorities());
13                authenticationToken.setDetails(new
WebAuthenticationDetailsSource().buildDetails(request));
14
SecurityContextHolder.getContext().setAuthentication(authenticationToken);
15            }
16            chain.doFilter(request, response);
17        }
18    }
```

由于该类继承了OncePerRequestFilter类，因此能起到过滤器的效果，即发向后端Spring Boot项目的请求在被对应的控制器方法处理之前，会先被该类的doFilterInternal方法处理。

而在第7行创建的doFilterInternal方法中，先通过第9行代码从请求参数request对象中获得描述用户信息的loginUser对象，在此基础上，通过第11行代码来验证该用户的Token，通过验证后，再通过第12～14行代码把包含Token的安全信息放入SecurityContextHolder这个安全管理上下文中，只有通过鉴权，该请求才能被继续执行。

为了让该JwtAuthenticationTokenFilter过滤器生效，还需要在前面提到的设置访问策略的SecurityConfig类中进行相关的配置。

回顾前面给出的SecurityConfig类，在其中的configure方法中其实已经包含启用JwtAuthenticationTokenFilter过滤器的代码，否则依然无法在处理每个请求前进行鉴权操作。

```
01        protected void configure(HttpSecurity httpSecurity) throws Exception    {
02            //省略设置页面和方法的权限配置代码
03            // 添加JWT filter
httpSecurity.addFilterBefore(authenticationTokenFilter,
UsernamePasswordAuthenticationFilter.class);
```

```
04        // 省略添加CORS filter的代码
05    }
```

需要说明的是，JwtAuthenticationTokenFilter类以继承OncePerRequestFilter类的方式来实现过滤器，而不是用实现Filter类的方式来实现过滤器。

具体的原因是，用这种方式实现的过滤器，对于外部请求，只执行一次过滤动作，而对于服务器内部之间发起的请求，则不执行过滤动作。

11.5 实践练习

（1）阅读11.2节的内容，理解在前端项目中，用Axios组件实现前后端交互的实现步骤。

（2）阅读前端项目中的employee.js方法，理解用Axios组件发送"增删改查"员工数据请求的操作要点，并以此为例，理解Axios组件异步处理返回结果的开发要点。

（3）阅读11.3节的描述，理解什么是跨域问题，并通过阅读后端ResourcesConfig类的代码掌握解决跨域问题的实践要点。

（4）阅读11.4节的内容，掌握本项目中的登录流程相关代码，并在此基础上掌握基于Token的鉴权机制。

第 12 章

面向切面编程、过滤器和拦截器

AOP 的中文含义是面向切面编程，通过基于 AOP 的模式，程序员能用低耦合的方式整合各种业务动作，从而提升代码的可维护性。

Spring 拦截器是 AOP 编程模式的具体实现，通过拦截器可以在业务方法执行的前后，动态加入添加打印日志等方法。前面在实现 CORS 时已经提到了过滤器，从中大家能看到，请求在被控制器方法处理前会被过滤器方法处理，而过滤器一般会起到"过滤非法请求"的作用。

12.1　AOP概述

AOP和IoC是Spring框架的两大基石，通过引入AOP机制，程序员可以把两类不相关的代码有效地整合到一起，从而提升代码的可读性和可维护性。

12.1.1　AOP 的相关概念

在开发Spring Boot等后端项目时，有时需要把一些不相关的代码整合到一起，比如在执行业务前需要输出当前内存的用量，此时可以通过如下硬编码来实现此类功能：

```
01   void 业务方法1(){
02       打印内存用量
03       正常业务
04   }
05   void 业务方法2(){
06       打印内存用量
07       正常业务
08   }
```

这种做法对代码的可维护性伤害比较大，比如要在打印内存用量的方法中添加参数，那么就得手动修改每处调用，这样就会引发因漏改、错改而导致的问题。

在AOP开发模式中，可以用切面的方式封装和业务无关的功能代码，比如前面提到的打印内存用量的方法，并用动态代理等内部实现机制有效整合两类不相关的代码。甚至在整合后，业务代码和打印内存用量的代码彼此都不知道两者之间还有依赖关系。

在讲具体案例前，先讲一下AOP的相关概念。

- 切面是指待插入的功能方法，比如打印内存用量的方法。
- 切入点是指在业务代码哪个位置插入切面代码，比如在正常业务调用前还是调用后插入打印内存用量的方法。
- 在业务代码运行到切入点时，Spring容器会通知切面代码运行。常见的通知类型有前置通知、后置通知、环绕通知、后置成功通知和后置异常通知。

在采用Spring Boot框架的后端项目中，一般采用注解的方式来实现AOP机制。

12.1.2　AOP 的范例

为了在后端项目中引入AOP乃至拦截器的效果，需要在该Spring Boot项目的pom.xml文件中通过如下代码引入相关依赖包：

```
01  <!-- Spring Boot AOP和拦截器 -->
02  <dependency>
03      <groupId>org.springframework.boot</groupId>
04      <artifactId>spring-boot-starter-aop</artifactId>
05  </dependency>
```

随后，编写用AOP方式打印内存用量的AopDemo类，代码如下：

```
01  //省略必要的package和import方法
02  @Aspect
03  @Component
04  public class AopDemo {
05      //定义切点
06      @Pointcut("execution(* com.prj.controller.*.*(..))")
07      private void checkMem(){}
```

首先需要像第2行和第3行代码那样，加入两个注解，其中通过第2行的@Aspect注解定义本类是个切面类，即定义在其中的方法能通过AOP机制有效和其他方法整合，通过第3行的@Component注解说明本类是个组件类，这样本项目在启动时，该类会被扫描进Spring容器，同时会以IoC的方式被调用。

同时，还需要用第6行和第7行代码定义切入点。这里定义的切入点的方法名是checkMem，而切入点的位置如第6行所示，表示当运行到 com.prj.controller 包中类的方法时，将触发该切入点相关的AOP通知方法。

```
08      //前置切点
09      @Before("checkMem()")
10      private void before(JoinPoint joinPoint){
11          HttpServletRequest request = ((ServletRequestAttributes)
RequestContextHolder.getRequestAttributes()).getRequest();
12          System.out.println("Url is:" + request.getRequestURL().toString());
13          System.out.println("method is:" +
joinPoint.getSignature().getName());
14      }
15      @After("checkMem()")
16      private void printMem(){
17          System.out.println( "After method, Mem usage is:" +
Runtime.getRuntime().freeMemory()/1024/1024  + "M");
18      }
19      @Around("checkMem()")
20      private Object  around(ProceedingJoinPoint joinPoint) throws Throwable {
21          System.out.println( "Around method");
22          //获取方法参数值数组
23          Object[] args = joinPoint.getArgs();
24          Object ret = joinPoint.proceed(args);
25          System.out.println( "proceed args, result is: " + ret);
26          //调用方法
27          return ret;
28      }
29      @AfterReturning(pointcut = "checkMem()",returning = "returnObj")
30      private void afterReturning(Object returnObj){
31          System.out.println( "return value is:" + returnObj);
32      }
33      @AfterThrowing(pointcut = "checkMem()",throwing = "e")
34      private void afterThrowing(JoinPoint joinPoint,Exception e){
35          System.out.println( "Exception is:" + e.getMessage());
36      }
37  }
```

在上述代码第7行定义的checkMem切入点基础上，这里定义了AOP相关的通知方法，这些方法的细节描述如表12-1所示。

表 12-1 AOP 通知方法一览表

行 号	注 解	说 明	方法功能
9	@Before	切入点 checkMem()方法的前置通知	输出请求所对应的 URL 和方法
15	@After	切入点的后置通知	输出当前的内存用量
19	@Around	环绕通知	输出提示语句后，通过第 34～37 行的方法执行切入点方法
29	@AfterReturning	后置成功通知	输出切入点方法的运行结果
33	@AfterThrowing	后置异常通知	如果切入点方法有异常，则输出异常信息

在定义各种类型的通知时，需要像第9行那样，以@Before("checkMem()")的形式，通过注解说明该通知所对应的切入点方法名。这样控制器类中的方法一旦运行，就会触发由@Before

等注解修饰的相关方法，从而把业务逻辑和输出内存用量这两类不同的方法有效整合到一起。

完成编写上述代码后，如果在前端发起任何请求，比如查询部门方法的请求，这些请求在被控制器方法执行前，会触发AopDemo类中的相关方法，具体输出内容如下：

```
01  Around method
02  Url is:http://localhost:8080/hirenum/list
03  method is:list
04  Hibernate: select hirenum0_.id as id1_0_, hirenum0_.dept as dept2_0_,
hirenum0_.endtime as endtime3_0_, hirenum0_.num as num4_0_ from hire_num hirenum0_
where ?=1
05  return value is:com.prj.common.core.page.TableDataInfo@3ae21912
06  After method, Mem usage is:245M
07  proceed args, result is: com.prj.common.core.page.TableDataInfo@3ae21912
```

从上述输出结果中，大家能看到AOP各通知方法的执行顺序。

（1）http://localhost:8080/hirenum/list请求会触发Controller.java中的aopDemo方法，在执行具体的控制器方法前，会执行checkMem切点所对应的环绕通知。

（2）在执行环绕通知方法第24行的Object ret = joinPoint.proceed(args)代码前，会执行前置通知方法。

（3）当前置通知方法执行完以后，会执行环绕通知第24行的代码，通过这段代码，真正触发该请求对应的控制器方法。

（4）执行后置通知和后置成功通知的方法。

（5）由于aopDemo方法中没有抛出异常，因此这里不会执行后置异常通知中的方法。

结合AOP代码以及运行结果，这里确实能有效整合业务方法和输出内存用量的代码，但两者的整合是通过AopDemo类中的注解实现的，这两者的耦合度其实很低。

比如要更改输出内存用量方法的参数，只需要更改切面类AopDemo中的相关代码，而无须变动业务逻辑，这样的代码维护方式是程序员可以接受的。

12.1.3　AOP 与拦截器

其实Spring拦截器和AOP中的环绕通知非常相似，这里详细分析下上文AopDemo类中的环绕通知around方法。

```
01  @Around("checkMem()")
02    private Object around(ProceedingJoinPoint joinPoint) throws Throwable {
03        System.out.println( "Around for AOP");
04        //获取方法参数值数组
05        Object[] args = joinPoint.getArgs();
06        Object ret = joinPoint.proceed(args);
07        System.out.println( "proceed args, result is: " + ret);
08        //调用方法
```

```
09          return ret;
10      }
```

如果没有通过@Pointcut注解定义切入点，那么前端发来的请求会被控制器方法触发，但在这个场景中，Spring容器会接管前端请求的处理流程。

具体来看，上述代码的第5行中，能得到该请求的参数，而在第6行中，通过joinPoint.proceed(args)方法执行了该请求对应的控制器方法，之后再通过第9行的代码返回结果。

也就是说，在环绕通知方法中，在类似第6行执行本身的业务逻辑前，可以检查请求参数。此时，如果发现由于参数等原因不能执行本身业务，那么可以通过去掉第6行代码来实现这一效果。

相比之下，Spring拦截器的功能也是拦截方法、检查参数并判断是否可以继续执行，而从环绕通知的代码中，大家可以发现事实上已经能起到拦截器的效果，也就是说，从内部实现代码角度来看，Spring拦截器和面向切面编程中的环绕通知方法其实是相通的。

12.2　拦截器的开发要点

顾名思义，拦截器可以用来拦截请求，并根据代码执行相关的操作，比如可以通过拦截器来检查请求是否合法，遇到不合法的请求可以直接拦截掉，不交给后续的控制器方法处理。

在Spring Boot项目中，可以通过注解来实现拦截器，并且在同一个Spring Boot项目中，还能配置多个拦截器，以实现不同的拦截效果。

12.2.1　拦截器的重要方法

在项目中，一般是通过继承（Extends）HandlerInterceptorAdapter类并重写其中的三个方法来实现拦截器的。拦截器的重要方法以及运行的时间点如下：

- preHandle：*该方法会在请求被控制器方法触发前运行，该方法是布尔类型的，如果返回true，则执行下一个拦截器，如果之后没有拦截器，则继续执行控制器方法。如果返回false，就中断执行，即该请求被拦截。*
- postHandle：*该方法会在请求被控制器方法触发后运行，是void类型的。*
- afterCompletion：*该方法在整个请求处理后运行，也是void类型的。*

在项目中，更多地会在preHandle方法中定义拦截动作，而重写postHandle和afterCompletion这两个方法的场景并不多。

12.2.2　引入多个拦截器

这里将在后端项目中引入检查URL和检查参数的拦截器，从而进一步掌握在Spring Boot项目中开发拦截器的实战技巧。

其中用于检查url请求的拦截器是UrlInterceptor.java，具体代码如下：

```
01  //省略必要的package和import代码
02  @Component
03  public class UrlInterceptor extends HandlerInterceptorAdapter {
04      @Override
05      public boolean preHandle(HttpServletRequest request,
HttpServletResponse response, Object handler) throws Exception {
06          System.out.println("UrlInterceptor, preHandle");
07          String url = request.getRequestURI();
08          //检查url
09          if(url.toLowerCase().indexOf("hacker") != -1){
10              System.out.println("prevent hacker visit.");
11              return false;
12          }else {
13              return true;
14          }
15      }
16      @Override
17      public void postHandle(HttpServletRequest request, HttpServletResponse
response, Object handler, @Nullable ModelAndView modelAndView) throws Exception {
18          System.out.println("UrlInterceptor, postHandle");
19      }
20      @Override
21      public void afterCompletion(HttpServletRequest request,
HttpServletResponse response, Object handler, @Nullable Exception ex) throws Exception {
22          System.out.println("UrlInterceptor, afterCompletion");
23      }
24  }
```

该类在第3行中，通过继承HandlerInterceptorAdapter类来实现拦截器效果，同时还需要加入第2行的@Component注解，这样该后端项目启动时，就会把该类注册到Spring容器中。

同时，该类在第5行、第17行和第21行重写了拦截器的三个重要方法，而这三个方法会在请求被处理前、被处理后和全部完成后被触发。

在第17行的postHandle方法和第21行的afterCompletion方法中，只是放置了打印动作，而在第5行的preHandle方法中，定义了根据url请求判断是否需要拦截的动作。具体而言，通过第9行的if语句判断其中是否包含hacker字符串，如果是则返回false，拦截该请求，否则返回true，继续执行后续拦截器或控制器方法。

而用于检查参数的拦截器是ParamInterceptor.java，具体代码如下：

```
01  //省略必要的package和import方法
02  @Component
03  public class ParamInterceptor extends HandlerInterceptorAdapter {
04      @Override
05      public boolean preHandle(HttpServletRequest request,
06      HttpServletResponse response, Object handler) throws Exception {
07          String url = request.getRequestURI() ;
08          System.out.println("in ParamInterceptor, url is:" + url);
```

```
09          if(url == null || url.indexOf("hacker") != -1){
10              return false;
11          }else {
12              return true;
13          }
14      }
15      @Override
16      public void postHandle(HttpServletRequest request, HttpServletResponse
response, Object handler, @Nullable ModelAndView modelAndView) throws Exception {
17          System.out.println("ParamInterceptor, postHandle");
18      }
19      @Override
20      public void afterCompletion(HttpServletRequest request, HttpServletResponse
response, Object handler, @Nullable Exception ex) throws Exception {
21          System.out.println("ParamInterceptor, afterCompletion");
22      }
23  }
```

在该方法中，通过重写第5行的preHandle方法来实现根据参数进行拦截的动作。

具体来说，先通过第6行的代码来获取请求url，由于这里把参数包含在url中，因此会通过第8行的if语句判断参数中是否包含hacker字样，如果是，则返回false，拦截该请求，否则返回true，继续执行后续拦截器或方法。

而在该拦截器的postHandle和afterCompletion方法中，依然只是输出了日志，并没有引入相关的拦截逻辑。

完成开发拦截器的代码后，还需要编写拦截器配置类ConfigInterceptor.java，具体代码如下：

```
01  //省略必要的package和import代码
02  @Configuration
03  public class ConfigInterceptor implements WebMvcConfigurer {
04      @Autowired
05      private UrlInterceptor urlInterceptor;
06      @Autowired
07      private ParamInterceptor paramInterceptor;
08      @Override
09      public void addInterceptors(InterceptorRegistry registry) {
10  registry.addInterceptor(urlInterceptor).addPathPatterns("/**");
11  registry.addInterceptor(paramInterceptor).addPathPatterns("/login");
12      }
13  }
```

面向拦截器的配置类需要实现WebMvcConfigurer接口，就像第3行的代码一样，并在此基础上，通过第9~12行代码重写addInterceptors方法，在其中配置拦截器。

通过第9行的代码大家能看到，拦截器配置类需要实现（implements）WebMvcConfigurer接口，并需要如第15行所示，在addInterceptors方法中配置拦截器。

这里配置拦截器的具体代码在第10行和第11行，用addInterceptor方法添加两个拦截器，并通过addPathPatterns方法指定每个拦截器对应的url格式。

这里第10行代码指定了urlInterceptor拦截器能拦截所有的请求，而第11行配置代码则指定了paramInterceptor拦截器只能拦截/login格式的请求。

12.2.3 观察拦截器的效果

完成上述代码后，启动前后端项目，然后输入正确的用户名和密码完成登录，由于此时前端项目发向后端的url请求包含login，因此会触发urlInterceptor和paramInterceptor拦截器，具体会在控制台看到如下输出内容：

```
01  ParamInterceptor, postHandle
02  UrlInterceptor, postHandle
03  ParamInterceptor, afterCompletion
04  UrlInterceptor, afterCompletion
```

由于在请求URL和参数中没有包含"hacker"字符串，因此这两个拦截器不会拦截登录请求。

登录完成后，如果在前端发起任意一个请求，比如请求部门数据，此时由于url请求中不包含login，根据拦截器的配置代码，只会触发urlInterceptor拦截器，具体输出内容如下：

```
01  UrlInterceptor, postHandle
02  UrlInterceptor, afterCompletion
```

从中能看到，由于URL请求和请求参数中没有包含hacker，因此该请求同样不会被拦截。

12.3 过滤器的开发要点

过滤器和拦截器的相似点在于，都能预处理url请求。不过，从实现角度来看，过滤器是基于Servlet容器的，所以它的使用场景和拦截器有差别。

12.3.1 过滤器的重要方法

可以通过实现Servlet容器的Filter类，并重写init、doFilter和destroy的方式来实现过滤器。

（1）当包含过滤器的Spring Boot等项目启动时，会创建该项目定义的所有过滤器，并依次执行其init方法。

（2）此后过滤器会一直监听请求，当符合条件的请求到达时，会触发特定过滤器的doFilter方法。

（3）当Spring Boot等项目停止运行时，会依次执行过滤器的destroy方法。

根据过滤器各方法的触发时间点，一般会在init方法中定义初始化动作，在destroy方法中定义释放资源等动作，而在doFilter方法中定义过滤请求的相关代码。

12.3.2 开发过滤器

和第11章讲解的验证Token的JwtAuthenticationTokenFilter过滤器不同，这里讲解的过滤器用于实现基于Servlet的Filter接口，并重写了Filter接口中的init、doFilter和destroy方法。

从功能上来讲，这里给出的ReqFilter过滤器实现了"过滤含特定字符请求"的功能，具体代码如下所示：

```
01  //省略必要的package和import代码
02  public class ReqFilter implements Filter {
03      @Override
04      public void init(FilterConfig filterConfig) throws ServletException {
05          System.out.println("ReqFilter init");
06      }
07      @Override
08      public void doFilter(ServletRequest servletRequest, ServletResponse servletResponse, FilterChain filterChain)
09              throws IOException, ServletException {
10          System.out.print("ReqFilter doFilter,url is:");
11          String url = ((HttpServletRequest) servletRequest).getServletPath();
12          System.out.println(url);
13          if (url.indexOf("hacker") == -1) {
14              filterChain.doFilter(servletRequest,servletResponse);
15          }else {
16              System.out.print("the url is filtered");
17          }
18      }
19      @Override
20      public void destroy() {
21          System.out.println("ReqFilter destroy");
22      }
23  }
```

在本类第8行的doFilter方法中，定义了过滤请求的具体动作。具体通过第13行的if语句判断url请求中是否有hacker字样，如果没有，则通过第14行的filterChain.doFilter方法把请求传递下去。

此时如果还有其他过滤器，则会把请求交给下一个过滤器，由其他过滤器继续处理请求，如果没有，则会把该请求交给控制器方法。

这里大家可以看到，如果通过第13行的if语句判断出该请求需要被过滤，那么会执行第18行的else流程，在该流程中没有filterChain.doFilter方法，所以不会继续处理该请求，这相当于拦截了该请求。

12.3.3　配置过滤器

在完成开发过滤器的代码后，需要在FilterConfig.java类中完成配置动作，具体代码如下：

```
01  //省略必要的package和import代码
02  @Configuration
03  public class FilterConfig {
04      @Bean
05      public FilterRegistrationBean addReqFilter(){
06          FilterRegistrationBean filterRegistrationBean=new
FilterRegistrationBean();
07          filterRegistrationBean.setFilter(new ReqFilter());
08          filterRegistrationBean.addUrlPatterns("/*");
09          return filterRegistrationBean;
10      }
11  }
```

在该类中，需要用第2行的@Configuration注解说明该类起到配置作用，同时需要在第5行的addReqFilter中配置过滤器。

在配置时，需要通过第7行的setFilter方法向Servlet容器注册过滤器，也需要通过第8行的addUrlPatterns方法设置过滤器所对应的请求，这里的设置是/*，表示对应任何请求。

12.3.4　观察过滤器的效果

完成开发上述过滤器相关的代码后，重启后端Spring Boot项目，此时能在控制台看到如下输出语句，说明过滤器的init方法会在启动时运行。

```
ReqFilter init
```

由于ReqFilter过滤器只能过滤请求url中包含hacker字段的请求，因此事实上在本项目中不会拦截请求。如果通过前端发出任何请求，该请求在被控制器方法处理前，会经过ReqFilter过滤器类的doFilter方法，并在控制台输出如下样式的提示语句：

```
ReqFilter doFilter,url is:/captchaImage
```

当然，大家可以通过改写该过滤器的doFilter方法实现过滤含login等关键字的url请求。

如果再终止该Spring Boot项目，就能在控制台中看到如下输出，此时Spring容器会依次执行过滤器的destroy方法。

```
ReqFilter destroy
```

12.3.5　拦截器和过滤器的使用场景

这里来分析一下拦截器和过滤器的差异及其使用场景。

（1）拦截器是基于Java反射机制的，而过滤器是基于函数回调机制的。

（2）在定义拦截器时，不需要依赖Servlet容器，但定义过滤器时需要。

（3）对于不同的请求，拦截器可以被多次初始化，而过滤器的初始化动作只能在容器初始化时被执行一次。

（4）从Spring的角度来看，拦截器可以根据IoC机制获取Spring容器中的诸多Bean，但过滤器做不到这点。

在实际项目中，如果只想过滤具有指定特征的url请求，比如过滤包含指定字符的请求，那么可以使用过滤器。如果想要在请求被处理前后添加通用性的动作，比如打印日志或监控内存等，那么就可以使用拦截器。

12.4　基于AOP的实例分析

在很多基于Spring Boot的后端项目中，还会根据AOP的实现机制全局性地处理异常，或者根据业务需求自定义AOP注解。本节将给出这两者的具体实践要点。

12.4.1　全局异常处理类

在后端项目的诸多方法中，需要处理相关异常，比如在和数据库交互的方法中，需要处理数据库层面的异常，而不是把这些异常抛给外部的调用方法。

但是后端方法未必能处理掉所有的异常，这些没被处理掉的异常会被层层向外抛，最终造成一些不可预知的后果，所以在大多数后端项目中，一般会用AOP机制定义全局性的异常处理类，专门兜底处理一些其他方法处理不掉的异常。

在本项目中，在GlobalExceptionHandler类中处理全局性的异常，代码如下：

```
01    //省略必要的package和import代码
02    @RestControllerAdvice
03    public class GlobalExceptionHandler
04    {
05        private static final Logger log =
LoggerFactory.getLogger(GlobalExceptionHandler.class);
06        // 业务逻辑异常
07        @ExceptionHandler(ServiceException.class)
08        public AjaxResult handleServiceException(ServiceException e,
HttpServletRequest request)
09        {
10            log.error(e.getMessage(), e);
11            Integer code = e.getCode();
12            return code != null ? AjaxResult.error(code, e.getMessage()) :
AjaxResult.error(e.getMessage());
```

```
13        }
14        // 处理运行期异常
15        @ExceptionHandler(RuntimeException.class)
16        public AjaxResult handleRuntimeException(RuntimeException e,
HttpServletRequest request)
17        {
18            String requestURI = request.getRequestURI();
19            log.error("请求地址'{}',发生未知异常.", requestURI, e);
20            return AjaxResult.error(e.getMessage());
21        }
22        // 兜底处理异常
23        @ExceptionHandler(Exception.class)
24        public AjaxResult handleException(Exception e, HttpServletRequest
request)
25        {
26            String requestURI = request.getRequestURI();
27            log.error("请求地址'{}',发生系统异常.", requestURI, e);
28            return AjaxResult.error(e.getMessage());
29        }
30    }
```

本类用第2行所示的@RestControllerAdvice注解修饰，说明本类会采用AOP的机制拦截特定的对象。再观察一下第8行handleServiceException方法的注解，该方法通过@ExceptionHandler注解说明，一旦本类拦截到ServiceException类型的异常，就会触发handleServiceException方法，在该方法进行相应的异常处理后，即用Ajax对象向前端返回异常信息。

同样，结合第15行和第16行的代码，本类一旦拦截到RuntimeException异常，就会触发handleRuntimeException方法，结合第23行和第24行的代码，一旦拦截到Exception异常，就会触发handleException方法，在这些异常处理方法中，均会通过Ajax对象向前端返回异常信息。

也就是说，在本类中，通过@RestControllerAdvice和@ExceptionHandler注解拦截并处理各种类型的异常，尤其会兜底性地处理Exception异常，从而起到全局性异常处理的效果。

12.4.2 自定义注解

在开发后端项目时，可以用Spring Boot框架提供的注解来实现功能，比如可通过@transactional注解来实现事务。此外，还可以用基于AOP的方式，通过自定义注解实现特定的业务功能。

这里将演示通过自定义注解，在指定方法运行时输出内存用量的实现方式。

步骤 01 编写实现自定义注解的接口，代码如下：

```
01  import java.lang.annotation.*;
02  @Target(ElementType.METHOD)
03  @Retention(RetentionPolicy.RUNTIME)
04  public @interface PrintMem
05  {
```

```
06        public String name() default "";
07    }
```

这里自定义注解的接口名是PrintMem，该接口需要用第2行和第3行的注解修饰，第2行的注解说明该接口作用在方法上，第3行的注解说明该注解在运行时被触发，即一旦有方法被@PrintMem注解修饰，就会触发后文给出的业务方法。

同时，该接口包含第6行所定义的name属性，也就是说，在使用@PrintMem注解时，需要同时包含该name属性。

步骤 02 编写PrintMem注解的业务实现类MemPrintAspect，代码如下：

```
01    //省略必要的package和import代码
02    @Aspect
03    @Component
04    public class MemPrintAspect
05    {
06        @Before("@annotation(com.prj.framework.security.interceptor.
PrintMem)")
07        public void printMem(JoinPoint joinPoint)
08        {
09            System.out.println( joinPoint);
10            System.out.println( Runtime.getRuntime().freeMemory()/1024/1024  +
"M");
11        }
12    }
```

该类是被@Aspect注解修饰的，表示本类是切面类，而在第7行打印内存用量的printMem方法前，使用@Before注解修饰，该修饰对应的类是PrintMem，即一旦有方法用到了@PrintMem注解，那么该方法在运行前会触发第7行的printMem方法。

步骤 03 在需要的位置使用@PrintMem注解，比如这里在DeptServiceImpl类的insertDept方法前使用该注解，具体代码如下：

```
01        @PrintMem(name = "insertDept")
02        @Override
03        public int insertDept(Dept dept)
04        {
05            return deptMapper.insertDept(dept);
06        }
```

通过第1行的代码可以看到，在使用@printMem注解时需要指定name参数，说明该注解作用在哪个方法上。

在此基础上，从前端发起"插入部门"的请求，触发后端DeptServiceImpl类的insertDept方法，此时就能在控制台看到输出日志用量的相关信息，从而能够验证自定义注解工作正常。

12.5 实 践 练 习

（1）阅读12.1节的内容，理解AOP的相关概念，以及AOP相关通知方法的触发时间点。

（2）运行12.2节的代码，理解在Spring Boot后端项目中引入拦截器的实践要点，并在此基础上开发一个拦截参数包含error字样的拦截器。

（3）运行12.3节的代码，理解在 Spring Boot后端项目中引入过滤器的实践要点，并在此基础上掌握拦截器和过滤器的开发方式和使用场景。

（4）运行12.4.2节的代码，掌握基于AOP机制的自定义注解的开发要点，在此基础上，开发一个名为PrintParam的注解，该注解作用在DeptServiceImpl类的updateDept方法上，在该方法运行前输出方法的参数。

第 **13** 章

整合日志组件

为了能高效地监控项目的运行情况，也为了能更好地排查问题，在 Spring Boot 等项目中一般会使用 Logback 等日志组件向文件或控制台输出日志。在此基础上，还可以引入 Elasticsearch、Logstash 以及 Kibana 组件（ELK 组件），从而进一步提升观察日志定位 bug 的效率。

通过本章的学习，大家不仅可以掌握用 Logback 输出日志的实战要点，还能进一步掌握用 ELK 管理和搜索日志的实践要点。

13.1　通过Logback组件输出日志

Logback是一个开源的日志组件，和其他同类组件相比，它能以较高的性能输出日志，而且能更有效地利用内存，所以当前很多项目都用该组件来输出日志。

13.1.1　开发日志代码的注意点

在真实项目中，为了能更好地通过日志排查问题，开发日志代码时一般有如下注意点：

（1）除向控制台输出日志外，还需要向文件输出日志，这样一旦有问题，能查询过往的日志文件来定位和排查问题。

（2）根据时间特征格式化日志文件名，比如20230810-09.log，其中20230810是日期，09是时间，这样如果知道了问题发生的时间，那么就能很快定位到日志文件。

（3）用error、info和debug等级别的日志来输出不同种类的信息，同时在生产环境上，可以不输出调试信息，只输出描述业务流程的日志。

（4）在输出日志时，需要尽量详细地描述当前场景，这样便于定位问题，同时需要在日志中包含时间和线程号等重要元素。

13.1.2 日志的级别与适用场景

在真实项目中，为了更好地定位问题，需要用不同级别的日志输出不同的信息，在用Logback等日志组件输出日志时，一般可以根据业务场景输出DEBUG、INFO、WARN和ERROR级别的日志。表13-1整理了这些级别日志的使用场景。

表 13-1　日志使用场景一览表

日志级别	说　　明
DEBUG	输出调试信息，比如业务流程中的方法名、参数和返回值
INFO	该级别的日志需要能清晰地反映各关键节点的运行情况，比如重要方法的参数以及重要流程中的中间变量，注意一些不重要的信息，比如辅助方法的参数，无须用 INFO 级别的日志输出
WARN	输出一些不是 bug 但有疑点的信息，比如数据库返回的数据量明显超出预期
ERROR	输出会导致系统运行故障的出错信息，一般输出通过 catch 关键字捕获到的异常

从表13.1的描述中可以看到，一般会用DEBUG级别的日志输出调试的相关信息，所以在测试环境中，需要通过配置logback参数输出DEBUG级别的日志。

但项目在生产环境上线后，如果继续输出调试信息，就会增大日志量，从而对排查线上问题带来一定的困扰，所以在上线前，一般需要设置日志级别为INFO，不输出DEBUG级别的日志。

13.1.3 引入依赖包，配置 Logback 参数

为了能在后端Spring Boot项目中正确地使用Logback组件输出日志，首先需要在pom.xml文件中引入依赖包，相关代码如下：

```
01    <dependency>
02        <groupId>org.apache.logging.log4j</groupId>
03        <artifactId>log4j-api</artifactId>
04        <version>2.16.0</version>
05    </dependency>
```

如果要使用其他日志组件，也可以用类似的方法，在pom.xml中引入其他组件的依赖包。

一般需要在Spring Boot后端项目的resources路径下配置Logback组件的相关参数，本项目的参数配置在logback.xml文件中。根据不同的业务场景，不同项目在输出日志时会有不同的需求点，本项目的需求点如下所述。

（1）需要向控制台和文件输出日志，在向文件中输出日志时，Error级别的日志需要单独输出。

（2）在输出日志时，至少需要包含日志的线程号、日志的级别、输出时间和日志信息。

（3）为了更好地定位问题，日志文件需要按天归档，即一个日志文件中只能包含当天的日志信息。

在日志配置文件logback.xml中，通过了如下代码实现上述需求。

```
01  <?xml version="1.0" encoding="UTF-8"?>
02  <configuration>
03      <!-- 日志输出格式 -->
04  <property name="log.pattern"
value="[%thread]%d{HH:mm:ss.SSS} %-5level %logger{25} - %msg%n" />
```

在该日志配置文件中，通过了第4行代码指定了日志的格式，具体来说，指定了输出日志时，需要输出线程号、时间、日志级别、输出日志的类名和日志内容。

```
05  <!-- 控制台输出 -->
06  <appender name="console" class="ch.qos.logback.core.ConsoleAppender">
07  <encoder>
08  <pattern>${log.pattern}</pattern>
09  </encoder>
10  </appender>
```

这里通过第5～10行的<appender>元素定义了向控制台输出日志的具体方式。

其中通过第6行的class参数指定向控制台输出日志，通过第8行代码指定输出日志的格式，该格式是用log.pattern定义的。

```
11  <!--向文件输出日志 -->
12  <appender name="file_info"
class="ch.qos.logback.core.rolling.RollingFileAppender">
13      <rollingPolicy
class="ch.qos.logback.core.rolling.TimeBasedRollingPolicy">
14          <!-- 每天输出一个文件,同时定义日志文件名格式 -->
15  <fileNamePattern>info.%d{yyyy-MM-dd}.log</fileNamePattern>
16  </rollingPolicy>
17  <encoder>
18  <pattern>${log.pattern}</pattern>
19  </encoder>
20  <filter class="ch.qos.logback.classic.filter.LevelFilter">
21      <!-- 过滤的级别 -->
22          <level>INFO</level>
23      </filter>
24  </appender>
```

这里通过第11～24行的<appender>元素定义了向文件输出一般日志的具体方式。

其中通过第15行的fileNamePattern参数定义了日志文件名，这里是info.日期.log，通过第18行的pattern参数定义了日志的格式，通过第22的level参数指定了向该日志文件中输出INFO以及高于INFO级别的WARN和ERROR级别日志。

```
25   <appender name="file_error" class="ch.qos.logback.core.rolling.
RollingFileAppender">
26       <rollingPolicy class="ch.qos.logback.core.rolling.
TimeBasedRollingPolicy">
27           <!-- 每天输出一个文件，同时定义日志文件名格式 -->
28           <fileNamePattern>error.%d{yyyy-MM-dd}.log</fileNamePattern>
29       </rollingPolicy>
30       <encoder>
31           <pattern>${log.pattern}</pattern>
32       </encoder>
33       <!-- 只输出ERROR级别的日志 -->
34       <filter class="ch.qos.logback.classic.filter.LevelFilter">
35           <level>ERROR</level>
36           <onMatch>ACCEPT</onMatch>
37           <onMismatch>DENY</onMismatch>
38       </filter>
39   </appender>
```

这里通过第25～39行的<appender>元素定义了向文件输出错误日志的具体方式。

其中通过第28行的fileNamePattern参数定义了日志文件名，这里是error.日期.log，通过第31行的pattern参数定义了日志的格式，通过第34～38行的filter参数指定了向该日志文件输出ERROR级别的日志。

```
40   <!--系统操作日志-->
41   <root level="info">
42       <appender-ref ref="console" />
43       <appender-ref ref="file_info" />
44       <appender-ref ref="file_error" />
45   </root>
46   </configuration>
```

而在该日志配置文件的最后，通过第41～45行代码指定了上述console、file_info和file_error对象输出INFO以及更高级别的日志，但由于在file_error对象中有了进一步的定义，因此在向error文件中输出日志时，只输出ERRO级别的日志。

13.1.4 输出不同级别的日志

在完成配置Logback日志组件的参数后，就可以在项目中根据实际的业务情况输出各种级别的日志，比如在接收部门类请求的DeptController类中，可以通过如下代码输出日志：

```
01   @RestController
02   @RequestMapping("/dept_info")
03   public class DeptController extends BaseController {
04       @Autowired
05       private IDeptService deptService;
06       //定义输出日志的log对象
07       private static final Logger log =
08   LoggerFactory.getLogger(DeptController.class);
```

```
09       // 查询部门信息管理列表
10       @GetMapping("/list")
11       public TableDataInfo list(Dept dept) {
12           log.debug("DeptController, list" + dept.toString());
13           log.info("查询所有部门的信息");
14           startPage();
15           List<Dept> list = deptService.selectDeptList(dept);
16           return getDataByPage(list);
17       }
18       //省略其他代码
19   }
```

其中通过第7行代码定义用于输出日志的log对象，在list方法中，通过第12行代码输出了debug级别的日志，通过第13行代码输出了info级别的日志。

而在GlobalExceptionHandler全局异常处理类的handleServiceException等方法中，通过第3行代码定义了日志对象log，通过第8行代码输出error级别的日志。

```
01   @RestControllerAdvice
02   public class GlobalExceptionHandler {
03       private static final Logger log =
LoggerFactory.getLogger(GlobalExceptionHandler.class);
04
05       // 业务逻辑异常
06       @ExceptionHandler(ServiceException.class)
07       public AjaxResult handleServiceException(ServiceException e,
HttpServletRequest request) {
08           log.error(e.getMessage(), e);
09           Integer code = e.getCode();
10           return code != null ? AjaxResult.error(code, e.getMessage()) :
AjaxResult.error(e.getMessage());
11       }
12       //省略其他代码
13   }
```

而在本项目的其他业务类中，也可以通过类似的方式输出info、debug和error级别的日志。

13.1.5　观察日志输出效果

可通过如下步骤观察本项目的日志输出效果。

步骤 01 启动全后端项目，此时能在控制台中看到如图13-1所示的效果，从中可以看到，控制台能展示debug和info级别的日志，而且能确认日志输出的格式和设置参数相符。

启动后，能在后端项目的根目录中看到两个日志文件，具体效果如图13-2所示。从中能够确认日志的文件名和参数设置得相符。

如果打开info.2023-08-13.log文件，能看到其中的日志内容和控制台输出的完全一致，打开error.2023-08-13.log文件，发现其中为空，那么此时还没有输出ERROR级别的日志。

```
[main]18:19:37.170 INFO  o.a.c.c.StandardService - Starting service [Tomcat]
[main]18:19:37.171 INFO  o.a.c.core.StandardEngine - Starting Servlet engine: [Apache Tomcat/9.0.54]
[main]18:19:37.487 INFO  o.a.c.c.C.[.[./] - Initializing Spring embedded WebApplicationContext
[main]18:19:38.844 DEBUG c.p.f.s.f.JwtAuthenticationTokenFilter - Filter 'jwtAuthenticationTokenFilter' configured for use
ReqFilter init
[main]18:19:38.872 INFO  c.a.d.s.b.a.DruidDataSourceAutoConfigure - Init DruidDataSource
[main]18:19:39.292 INFO  c.a.d.p.DruidDataSource - {dataSource-1} inited
[main]18:19:40.029 INFO  o.h.j.i.util.LogHelper - HHH000204: Processing PersistenceUnitInfo [name: default]
[main]18:19:40.149 INFO  org.hibernate.Version - HHH000412: Hibernate ORM core version 5.4.32.Final
[main]18:19:40.426 INFO  o.h.a.common.Version - HCANN000001: Hibernate Commons Annotations {5.1.2.Final}
[main]18:19:40.685 INFO  o.h.dialect.Dialect - HHH000400: Using dialect: org.hibernate.dialect.MySQL57Dialect
[main]18:19:41.903 INFO  o.h.e.t.j.p.i.JtaPlatformInitiator - HHH000490: Using JtaPlatform implementation: [org.hibernate.engine.trans
[main]18:19:44.319 WARN  o.s.b.a.o.j.JpaBaseConfiguration$JpaWebConfiguration - spring.jpa.open-in-view is enabled by default. Therefo
[main]18:19:48.047 INFO  o.a.c.h.Http11NioProtocol - Starting ProtocolHandler ["http-nio-8080"]
[main]18:19:49.012 INFO  c.p.SpringBootApplication - Started SpringBootApplication in 19.597 seconds (JVM running for 20.94)
```

图 13-1　启动时控制台展示日志的效果图

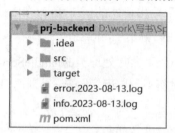

图 13-2　启动时日志文件效果图

步骤 02　在前端登录时，故意输错验证码，此时能在控制台和error.2023-08-13.log文件中看到如图13-3所示的效果，由此能确认，error文件中只包含ERROR级别的日志。

```
[http-nio-8080-exec-5]18:26:39.725 ERROR c.p.f.w.e.GlobalExceptionHandler - 请求地址'/logi
com.prj.common.exception.user.CaptchaException: 验证码错误
    at com.prj.framework.web.service.LoginService.validateCaptcha(LoginService.java:77)
    at com.prj.framework.web.service.LoginService.login(LoginService.java:38)
    at com.prj.controller.LoginController.login(LoginController.java:24)
    at com.prj.controller.LoginController$$FastClassBySpringCGLIB$$c2f87286.invoke(<gener
    at org.springframework.cglib.proxy.MethodProxy.invoke(MethodProxy.java:218)
    at org.springframework.aop.framework.CglibAopProxy$CglibMethodInvocation.invokeJoinpo
    at org.springframework.aop.framework.ReflectiveMethodInvocation.proceed(ReflectiveMet
    at org.springframework.aop.framework.CglibAopProxy$CglibMethodInvocation.proceed(Cgli
    at org.springframework.aop.aspectj.AspectJAfterThrowingAdvice.invoke(AspectJAfterThro
    at org.springframework.aop.framework.ReflectiveMethodInvocation.proceed(ReflectiveMet
    at org.springframework.aop.framework.CglibAopProxy$CglibMethodInvocation.proceed(Cgli
    at org.springframework.aop.framework.adapter.AfterReturningAdviceInterceptor.invoke(A
    at org.springframework.aop.framework.ReflectiveMethodInvocation.proceed(ReflectiveMet
```

图 13-3　error 文件效果图

步骤 03　成功登录后，单击部门菜单，查看所有的部门信息，此时能在控制台和info文件中看到如图13-4所示的效果，由此能确认在DeptController类中定义的日志代码工作正常。

```
[http-nio-8080-exec-9]18:29:16.273 DEBUG c.p.c.DeptController - DeptController, listcom.prj.domain.Dept@2b114c2b[
    id=<null>
    name=<null>
    manager=<null>
    reportto=<null>
]
[http-nio-8080-exec-9]18:29:16.273 INFO  c.p.c.DeptController - 查询所有部门的信息
```

图 13-4　输出部门参数的日志效果图

通过上述步骤，大家能看到用Logback组件输出日志的效果，事实上，程序员在开发业务功能时，会遵循"高效定位问题"的原则，在各关键点合理输出日志信息。这样一旦出现了问题，程序员就能根据时间和关键字，在日志文件中高效地找到对应请求的上下文，从而分析和解决问题。

13.2　搭建基于ELK的日志环境

在真实项目场景中，不同业务模块可能部署在不同服务器中，比如某电商的风控、支付和对账模块，可能会被部署在三台不同的服务器中。在此类场景中，如果要排查问题，就可能需要登录不同的服务器，逐一查看日志。

在此类场景中，为了提升排查日志的效率，可以在项目中集成Elasticsearch、Logstash和Kibana工具，以此搭建统一的日志收集和展示平台。

13.2.1　ELK 组件概述

ELK是三个不同的组件，在基于ELK的日志收集和展示平台中，Logstash组件用来收集日志，Elasticsearch组件用来搜索日志，Kibana组件则用来展示日志，这三者整合工作后的效果如图13-5所示。

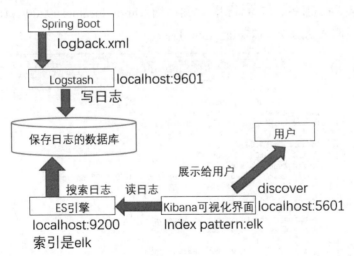

图 13-5　ELK 日志组件整合示意图

具体来说，各服务节点上的日志是通过Logtash组件存储起来的，由此实现日志统一化管理。当用户在Kibana可视化界面发起查询日志请求后，Kibana组件会通过ES组件到日志数据库搜索用户所需要的日志信息，并将其展示在界面上。

13.2.2　搭建 ELK 环境

在真实项目中，ELK组件应该安装在Linux操作系统上，不过为了演示，这里将会给出在Windows操作系统上搭建这三个组件的详细步骤。

步骤01 到https://www.elastic.co/cn/官网，下载Elasticsearch、Logstash和Kiabana这三个组件的安装包。请注意在下载时，尽量下载同一个版本的安装包。

由于这三个组件从8.0版本开始以集群的方式工作，而在Windows上只需要搭建单机版的工作环境，因此，为了方便实践，大家可以安装低于8.0版本的安装包，比如本书下载的是7.11.2版本的安装包。下载完成后，把它们解压在同一个文件目录中，比如可以把它们解压在d:\elk目录下。

注意，由于Kibana组件在工作时需要用到Node组件的依赖包，所以大家在搭建ELK环境前需要下载和安装Node组件，比如本书所用的Node组件的版本是15。

步骤02 在解压后的Elasticsearch目录中找到config目录，在其中的elasticsearch.yml配置文件中加入如下参数，指定该组件工作在本机9200端口。

```
01   network.host: localhost
02   http.port: 9200
```

随后创建一个cmd命令窗口，进入Elasticsearch组件的bin目录，并运行elasticsearch.bat命令，这样能启动Elasticsearch服务。启动后到浏览器中输入http://localhost:9200/，如果看到如图13-6所示的信息，就说明成功启动了Elasticsearch组件。

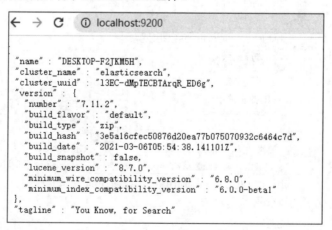

图 13-6　Elasticsearch 成功启动的效果图

需要说明的是，在真实项目环境中，Elasticsearch组件以及后面提到的Logstash和Kibana组件一般都是安装在Linux环境下的，所以需要把各组件的工作主机配置成Linux主机的IP地址。

步骤03 找到Logstash组件解压目录中的bin目录，在其中新建如下logstash.conf配置文件，并在其中加入如下参数：

```
01   input {
02     tcp{
03        port => 9601
04        mode => "server"
05        tags=> ["tags"]
06        host => "localhost"
07        codec => json_lines
08      }
09   }
10    output {
11     elasticsearch {
12       hosts => ["http://localhost:9200"]
13   index => "elk"
14     }
15      stdout{
16        codec => rubydebug
17      }
18   }
```

其中第1～9行的input参数指定了该Logstash组件将从9601端口接收JSON格式的输入。对应地，Spring Boot等后端项目可以通过配置logback.xml等文件，把日志发送到该端口上，这样Logstash组件就能收集到日志。

第10～18行的output参数指定了该Logstash组件会把日志输出到localhost:9200所在的Elasticsearch组件上，同时指定了该输出的日志用名为elk的索引管理。

从中可以看到，其实Logstash组件是从项目中收集日志的，并把收集到的日志发送到ES组件上，另外需要说明的是，由于在ES组件上已经建了索引，因此如果要在Kibina展示日志，就需要用到elk索引。

随后，创建一个cmd命令窗口，进入Logstash所在的bin目录，在其中输入logstash.bat -f logstash.conf命令，以加载logstash.conf文件的方式启动Logstash组件。成功启动后，在浏览器中输入http://localhost:9600/，如果能看到如图13-7所示的界面，就能确认Logstash组件成功启动。

图 13-7　Logstash 组件成功启动的效果图

步骤 04 在Kibana解压文件的config目录下打开kibana.yml配置文件，并加入如下参数，指定该组件工作在本机5601端口，并从http://localhost:9200接收Elasticsearch组件的输入。

```
01   server.port: 5601
02   server.host: "localhost"
03   elasticsearch.hosts: ["http://localhost:9200/"]
```

随后可再创建一个cmd命令窗口，进入Kibana组件的bin目录，再运行kibana.bat命令启动该组件。成功启动后，在浏览器中输入http://localhost:5601/，如果能看到如图13-8所示的效果，就能确认Kibana成功启动。

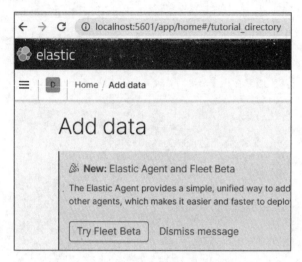

图 13-8　Kibana 成功启动的效果图

13.3　后端项目整合ELK组件

完成搭建ELK日志平台后，可以修改Spring Boot后端项目的logback.xml文件，把该项目的日志在输出到控制台和文件的同时，再输出到Logstash组件，这样最终就能在Kibana可视化界面上看到后端日志。

13.3.1　向 Logstash 输出日志

为了能向Logstash组件输出日志，在后端项目中需要做如下改动。

改动点1，需要在pom.xml文件中添加Logback和Logstash相关的依赖包，需要添加的代码如下，其中通过第1～15行代码添加了Logback组件的依赖包，通过第16～20行代码添加了Logstash组件的依赖包。

```
01  <dependency>
02      <groupId>ch.qos.logback</groupId>
03      <artifactId>logback-core</artifactId>
04      <version>1.2.3</version>
05  </dependency>
06  <dependency>
07      <groupId>ch.qos.logback</groupId>
08      <artifactId>logback-classic</artifactId>
09      <version>1.2.3</version>
10  </dependency>
11  <dependency>
```

```
12        <groupId>ch.qos.logback</groupId>
13        <artifactId>logback-access</artifactId>
14        <version>1.2.3</version>
15    </dependency>
16    <dependency>
17        <groupId>net.logstash.logback</groupId>
18        <artifactId>logstash-logback-encoder</artifactId>
19        <version>5.1</version>
20    </dependency>
```

改动点2，需要在logback.xml日志配置文件中添加如下代码，配置向Logstash组件输出日志。

```
01  <appender name="LOGSTASH"
class="net.logstash.logback.appender.LogstashTcpSocketAppender">
02        <destination>localhost:9601</destination>
03        <encoder charset="UTF-8"
class="net.logstash.logback.encoder.LogstashEncoder" >
04            <customFields>{"appname":"HrManager"}</customFields>
05        </encoder>
06    </appender>
```

这里通过添加第1～6行的<appender>元素设置了本项目是向工作在localhost:9601的Logstash组件输出日志，具体来说，还通过第4行代码设置了输出日志时需要携带appname参数，该参数的具体取值是HrManager。

传递appname参数的目的是，可能会有多个项目向ELK日志管理平台传递日志，这样每个项目就需要通过传递appname这个唯一标识符来说明日志信息的归属。

同时，还需要在logback.xml的root元素中添加第5行代码，说明向Logstash组件输出info以及更高级别的日志。

```
01  <root level="info">
02        <appender-ref ref="console" />
03        <appender-ref ref="file_info" />
04        <appender-ref ref="file_error" />
05        <appender-ref ref="LOGSTASH" />
06  </root>
```

13.3.2　在 Kibana 上观察日志效果

按照前面给出的步骤，依次启动Elasticsearch、Kibana和Logstash组件，在确保ELK组件启动成功的前提下，启动后端prj-backend项目。

在浏览器输入http://localhost:5601/，进入Kibana的可视化界面，单击如图13-9所示的Manage菜单，进入Kibana组件的管理界面。

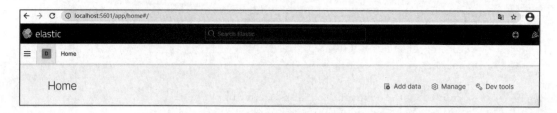

图 13-9　Kibana 管理界面效果图

　　在如图13-10所示的管理界面，单击Index Patterns菜单创建Kibana的索引，单击后能进入如图13-11所示的界面。

图 13-10　包含 Index Patterns 菜单的效果图

　　在如图13-11所示的Create index pattern界面，能看到通过Logstash组件创建的索引值elk，在界面中输入elk*，并单击Next step按钮，随后按提示步骤，即可在Kibana中创建该elk索引。

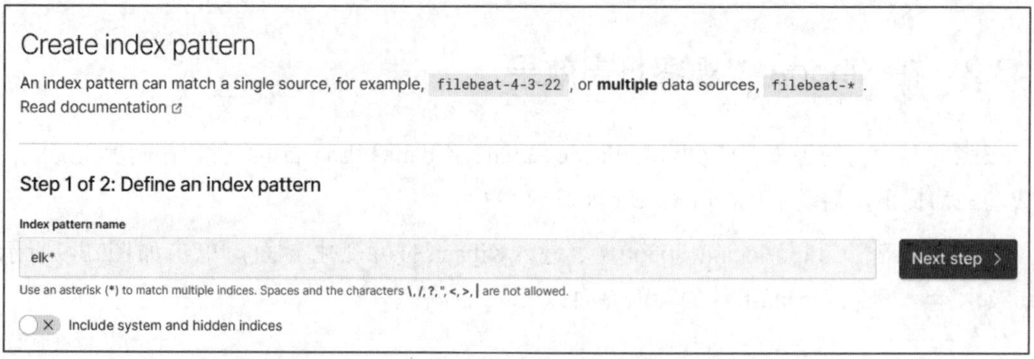

图 13-11　在 Kibana 中创建 elk 索引的效果图

创建完名为elk*的索引后，回到Kibana首页，进入Discover页面，随后在该界面中添加刚才创建的elk*，如图13-12所示，就能看到该索引对应的日志信息，由此能验证Spring Boot后端项目成功和ELK日志组件整合。

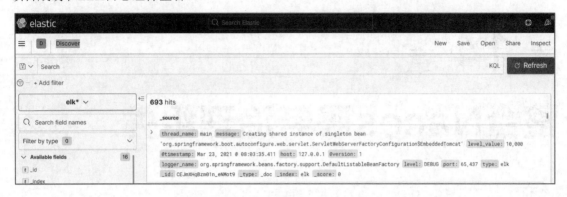

图 13-12　Spring Boot 项目和 ELK 组件整合后的效果图

在此基础上，如果在前端页面中发出查询部门信息等请求，这些请求对应的日志信息不仅会输出在控制台和日志文件中，而且还能在Kibana上观察到这些日志。

13.4　实 践 练 习

（1）阅读13.1.2节的内容，理解info等不同级别日志的使用场景。

（2）运行13.1.4节的代码，理解在Spring Boot后端项目中引入Logback日志的实践要点，在此基础上，尝试着在EmployeeController和EmployeeServiceImpl类中输出debug和info级别的日志。

（3）根据13.2节给出的步骤，下载Elasticsearch、Logstash和Kibana组件，在此基础上搭建基于ELK的日志环境。

（4）阅读13.3节的内容，掌握在Spring Boot后端项目中整合ELK组件的实践要点。

第 14 章
整合Nacos服务治理组件

之前的章节讲述了用 Spring Boot 框架开发单机版业务模块的要点，在此基础上，程序员还可以通过引入 Spring Cloud Alibaba 微服务组件提升业务系统的性能和可用性。

在 Spring Cloud Alibaba 微服务组件中，Nacos 组件能起到服务治理的作用，具体来讲，Spring Boot 项目中的服务方法能注册到 Naocs 注册中心，这种通过注册中心对外提供服务的方式不仅能有效地动态管理服务方法，还能确保服务方法的高可用性。

14.1 Spring Boot与微服务架构

用Spring Boot整合MyBatis等组件的方式能开发单机版的业务系统。和单机版业务系统相对应的是微服务系统。

微服务不仅是一套实现服务治理等功能的组件，更是一种项目部署的方式。在项目中引入 Nacos或Ribbon等微服务组件之后，由于业务模块间的耦合性较低，因此程序员能以较小的代价来升级业务或扩容系统。

14.1.1 单机版架构与微服务架构

在单机版的业务系统中，业务功能往往会被集成在同一个War包中并部署到服务器中，具体效果如图14-1所示。

在这种开发和部署模式中，由于诸多业务模块放在同一个项目中，因此诸多功能之间的耦合度会非常高，在项目开发的中后期，扩展和维护项目的代价会非常大。

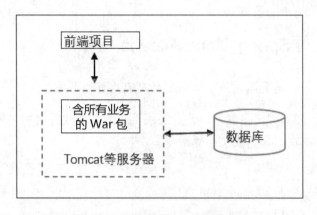

图 14-1　单机版系统的部署效果图

另外，由于大量的业务代码包含在一个容量很大的War包中，因此项目中任何一个小的修改，都需要重新打包部署这个很大的War包，这会加重系统运行和维护的工作量。

概括地讲，如果用单机版的模式来开发和维护系统，一般会遇到如下问题。

（1）项目的打包文件过大，每次打包和启动都会耗费很长时间，而且会增大出错的概率。

（2）业务功能之间的耦合关系过于复杂，这会导致每次修改功能后，测试的工作量会很大。

（3）系统容错性很低，一个小问题引发的故障会导致故障蔓延，进而影响整个系统。

（4）功能扩展性较差，比如要在现有系统中引入新的功能，那么得顾及当前系统的调用关系，这会导致引入的功能方法包含很多不必要的代码。

为了有效解决上述问题，越来越多的业务系统会使用如图14-2所示的微服务架构。

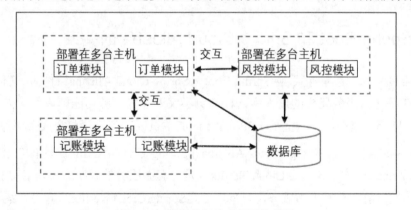

图 14-2　微服务架构的部署效果图

从图14-2可以看到微服务架构项目的具体特性。

（1）每个业务模块一般只包含一类功能，比如只包含订单服务或记账服务。

（2）相同的业务模块能部署在多台服务器上，从而能以负载均衡的方式应对高并发请求。

（3）模块间能通过RESTful请求或远程调用的方式交互，从而能有效降低功能的耦合性。

14.1.2 微服务与 Spring Cloud Alibaba 组件

相比于单机版项目，基于微服务架构的项目一般具有如下优势。

（1）易于维护，如果程序员要修改或升级项目中的某个业务功能，只需修改测试和部署包含该功能的微服务模块，其他模块不受影响。

（2）能高效地实现团队协作，业务团队间能在确定交互接口的基础上，并行开发各自的业务模块，开发完成后能通过OpenFeign等方式高效联调。

（3）扩展方便，如果要引入新功能，可以新建一个模块，同时定义好和其他模块的调用关系。或者当访问量增大时，也能高效地部署新的功能节点，从而高效地实现扩容动作。

在实际项目中，程序员一般采用Spring Boot框架整合诸多微服务组件的方式来实现微服务架构，而Spring Cloud Alibaba是实现微服务架构的解决方案。

具体来讲，程序员能通过使用Spring Cloud Alibaba中的Nacos、Ribbon和Gateway组件来实现服务治理功能，从而能有效地切分业务代码，通过使用OpenFeign组件来实现业务模块之间的相互调用，从而能有效地降低模块间的耦合性。

再进一步讲，程序员能通过使用Sentinel组件来实现熔断和限流等效果，能通过使用Seata组件来实现微服务系统架构中的分布式事务功能，能通过使用RocketMQ组件来实现模块间的信息通信功能。

可以这样说，Spring Cloud Alibaba是一个包含各种基础设施组件的全家桶，在开发项目时，程序员可以通过使用其中的一个或多个组件来实现微服务体系架构。

14.1.3 Spring Boot 和 Spring Cloud Alibaba 的关系

从实践角度来看，微服务架构=Spring Boot + Spring Cloud Alibaba组件 + 其他基础设施。也就是说，在搭建微服务架构的过程中，程序员不仅要开发业务功能模块，还需要通过使用Spring Cloud Alibaba组件，从而把基于Spring Boot的单机版业务模块整合成微服务架构。

Spring Cloud其实包含Spring Cloud Alibaba和Spring Cloud Netflix这两套全家桶组件。和Spring Cloud Alibaba一样，Spring Cloud Netflix也是一套微服务的解决方案，事实上，在Spring Cloud Alibaba发布前，有不少微服务项目采用的是Spring Cloud Netflix的解决方案。

不过在2018年年底，Spring Cloud Netflix项目进入维护模式，即该项目仅对现有的功能进行维护，不再开发新功能。所以Spring Cloud Alibaba替代Spring Cloud Netflix已经势在必行。

而且，由于Spring Cloud Alibaba组件背靠阿里系公司强大的技术力量，因此在业内得到了广泛的认可和应用，当前已经有不少公司采用Spring Cloud Alibaba来构建项目架构，并有越来越多的公司采用Spring Cloud Alibaba规范来实现微服务，采用Spring Cloud Alibaba全家桶中的组件来实现服务治理或网关管理等微服务方法的需求功能。

14.1.4 后端 Spring Cloud Alibaba 项目的说明

本书给出的是人事管理系统的全栈案例，之前通过prj-frontend项目讲述了前端知识点，接下来通过prj-backend项目讲述后端知识点。

下面讲述在单机版Spring Boot项目的基础上整合Nacos、Sentinel、Gateway和Skywalking等微服务组件，所以用来讲述的后端项目虽然也叫prj-backend，但该项目和之前的单机版项目会有如下差别。

（1）在pom.xml文件中引入不同版本的Spring Boot依赖包，同时引入上述组件的依赖包。

（2）在application.yml文件中添加相关组件的配置参数。

（3）在代码层面有些微调，比如添加新的注解等，会修改项目运行的端口号。

（4）更为重要的是，需要先启动Nacos等组件，在此基础上才能启动后端项目。

当然本书也会给出能跑通的，基于Spring Cloud Alibaba微服务组件的后端项目代码。在此基础上，除要通过代码理解各微服务组件的开发方式外，还需要掌握下载各组件的安装包和搭建各组件运行环境的技巧。

14.2 服务治理组件Nacos概述

在Spring Cloud Alibaba全家桶组件系列中，Nacos是一个能提供服务发现和服务治理的Spring Cloud Alibaba组件，在实际项目中，该组件能以"单机版"和"集群"的形式提供服务治理服务。

14.2.1 服务治理与注册中心

基于Spring Boot的后端微服务项目一般是以"服务提供者"的身份，以各种控制器方法的形式对外提供服务，而前端项目一般是以"服务调用者"的身份调用后端接口方法。

为了能正确地调用服务，服务调用者需要知道所调用方法的IP地址或域名，以及提供服务的端口号和方法名等信息。对此比较直观的做法是，用静态的方式来管理服务列表，比如服务调用者在配置文件中记录服务提供者的IP地址和端口号等信息，但这样可能会导致问题。

一方面，如果微服务系统数量较多，那么此类配置文件就会很长，进而很难维护。另一方面，提供服务的主机IP和端口号可能是动态变更的，比如扩容或切换主机，那么配置文件中的服务列表信息也需要对应地变更。

也就是说，用静态方式来管理微服务会提升系统维护的难度。对此，可以在微服务项目中引入Nacos组件，以动态的方式来管理诸多服务主机和服务方法。

Nacos作为注册中心组件,可以很好地解决"动态管理诸多服务注解"的问题,即服务提供者可以向Nacos注册对应的服务主机和方法,另一方面,服务调用者可以从Nacos注册中心查找调用信息,并调用相关的服务方法。

而且,在扩容或切换服务主机等场景中,Nacos注册中心还能动态地加入或剔除服务主机和服务方法。所以,如果引入Nacos注册中心,程序员在开发微服务项目的过程中,能更关注"调用服务获取结果"等业务动作,而无须过多关注"服务管理"和"服务调用"等细节,这样就能有效地降低项目开发和项目维护的难度。

14.2.2 搭建 Nacos 环境

可以到提供Nacos组件的官网https://github.com/alibaba/nacos/tags下载Nacos组件的安装包,这里下载的是2.0.3版本,该版本对应的安装包文件是nacos-server-2.0.3.zip。请注意该版本是面向Windows操作系统的,而Nacos也提供了面向Mac等操作系统的安装包。

解压后,可以开启一个命令行窗口,并进入Nacos组件所在的bin目录,运行startup.cmd -m standalone命令,就可以启动Nacos组件。请注意,Nacos组件能以单机版和集群的方式启动,上述启动命令包含standalone参数,所以是以单机版的形式启动Nacos的。

14.2.3 Nacos 的可视化管理界面

用上述命令启动Nacos组件后,可以到浏览器输入http://127.0.0.1:8848/nacos/index.html,进入Nacos的可视化管理界面。在登录窗口中,可用默认的用户名nacos和密码nacos登录,登录后,能进入如图14-3所示的可视化管理界面。

图 14-3　Nacos 可视化管理界面效果图

在图14-3的左侧菜单栏中,大家能看到若干管理菜单,其中用户可以通过"服务管理"菜单项查看并管理注册到Nacos注册中心的服务，同时也可以通过"配置管理"菜单项统一管理全局性的项目参数。

14.3 后端Spring Boot整合Nacos

后端Spring Boot项目整合Nacos组件的步骤包括：引入依赖包，在后端项目中通过注解注册服务方法，以及在Nacos可视化界面查看和管理服务。

14.3.1 引入依赖包

为了在Spring Boot项目中引入Nacos组件，首先需要引入Spring Cloud Alibaba的依赖包，同时需要合理地调整Spring Boot依赖包的版本，从而确保Spring Cloud Alibaba、Nacos和Spring Boot依赖包之间的兼容性，相关的pom.xml代码如下：

```
01  <parent>
02      <groupId>org.springframework.boot</groupId>
03      <artifactId>spring-boot-starter-parent</artifactId>
04      <version>2.2.3.RELEASE</version>
05  </parent>
06  <dependencyManagement>
07      <dependencies>
08          <dependency>
09              <groupId>com.alibaba.cloud</groupId>
10              <artifactId>spring-cloud-alibaba-dependencies</artifactId>
11              <version>2.2.1.RELEASE</version>
12              <type>pom</type>
13              <scope>import</scope>
14          </dependency>
15      省略其他在dependencyManagement中的代码
16      <dependencies>
17  </dependencyManagement>
18  <dependencies>
19      <!-- SpringBoot Web依赖包 -->
20      <dependency>
21          <groupId>org.springframework.boot</groupId>
22          <artifactId>spring-boot-starter-web</artifactId>
23      </dependency>
24      <!-- Nacos依赖包 -->
25      <dependency>
26          <groupId>com.alibaba.cloud</groupId>
<artifactId>spring-cloud-starter-alibaba-nacos-discovery</artifactId>
27      </dependency>
28      省略其他在dependencies里的代码
29  </dependencies>
```

上述第1～5行代码引入了Spring Boot依赖包，从中能看到用的是2.2.3.RELEASE版本，上述第9～14行代码引入了2.2.1.RELEASE版本的Spring Cloud Alibaba依赖包，上述第25～27代码引入了Nacos依赖包。

这里引入的Spring Boot依赖包比之前讲单机版项目时引入的依赖包版本要低，这是为了整合Sprin Cloud Alibaba和Nacos所做的调整。

14.3.2 编写配置文件和注解代码

为了在后端项目中引入Nacos组件，需要在application.yml文件中引入如下配置参数。

```
01  # 配置项目名
02  spring:
03    application:
04      name: hrmanager
05  nacos:
06    discovery:
07      server-addr: 127.0.0.1:8848
```

其中通过第2～4行代码指定了本项目的名字，通过第5～7行代码指定了Nacos的注册中心地址。

同时，需要在启动类中，通过第4行的@EnableDiscoveryClient注解说明本类将向Nacos注册中心注册服务，启动类的相关代码如下：

```
01  import org.springframework.boot.SpringApplication;
02  import org.springframework.boot.autoconfigure.SpringBootApplication;
03  import org.springframework.cloud.client.discovery.EnableDiscoveryClient;
04  @EnableDiscoveryClient
05  @SpringBootApplication
06  public class SpringBootApp {
07      public static void main(String[] args) {
08          SpringApplication.run(SpringBootApp.class, args);
09      }
10  }
```

除此之外，控制器和Service类等其他代码不需要变动，由此可以看到，Spring Boot后端项目整合Nacos组件的步骤并不复杂。

14.3.3 观察注册中心效果

完成上述代码后，可以在启动Nacos的基础上启动后端prj-backend项目，当然前提是先启动Redis服务器。

启动后在浏览器中输入http://127.0.0.1:8848/，进入Nacos的可视化管理界面，单击左侧的"服务列表"菜单，此时能看到Nacos注册中心包含名为hrmanager的服务，具体效果如图14-4所示，这能确认后端项目已经成功注册到Nacos注册中心组件。

图 14-4　后端项目成功注册到 Nacos 的效果图

需要注意的是，后端Spring Boot项目在引入Nacos组件后，能以hrmanager这个服务名对外提供服务，但是在该全栈项目的prj-frontend项目中，依然还是通过localhost:8080的路径调用后端的服务，即暂时不改变调用后端服务的路径。

这样做的原因是，前端项目应该通过微服务框架中的网关来调用服务，而网关则可以通过引入Ribbon等组件来实现负载均衡，所以本全栈系统的全栈项目不是直接通过hrmanager这个服务名来调用后端服务方法的。

14.4　搭建Nacos集群

前面给出了搭建单机版Nacos组件的步骤，在实际项目中，如果以单机版的形式对外提供注册中心的服务，那么当这台服务器出现故障时，就会出现"服务不可用"的问题。

对此，在一些对可用性要求比较高的项目中，会搭建Nacos集群，这样一旦集群的单台Nacos节点出现故障，其他节点器依然能对外提供注册中心的服务。

14.4.1　Nacos 持久化

为了搭建Nacos集群，首先需要实现Nacos的持久化效果。

Nacos持久化的含义是，把Nacos组件中的服务列表信息保存到数据库中，这样当Nacos服务器重启时，就能从数据库中读取到之前保存的信息，从而能保证数据不丢失。

实现Nacos组件数据持久化的具体步骤如下。

步骤 01　在本机安装MySQL数据库服务器，完成安装后，打开本地MySQL数据库，并在其中创建一个名为nacos的数据库（Schema）。

步骤 02 进入Nacos解压路径的conf子目录，找到nacos-mysql.sql文件，在其中包含Nacos持久化配置所需的数据库脚本代码。

步骤 03 通过MySQL WorkBench等客户端工具连接到本地MySQL数据库，或者直接用命令行窗口的方式连接本地MySQL数据库，进入之前所创建的Nacos数据库，在其中运行nacos-mysql.sql文件中的数据库脚本。

运行完成后，能在Nacos数据库中创建若干数据表，具体效果如图14-5所示。

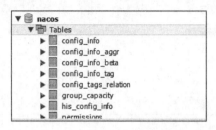

图 14-5　在 MySQL 中创建 Nacos 持久化数据表的效果图

步骤 04 打开conf路径中的application.properties文件，在其中添加如下配置参数。

```
01   db.num=1
02
     db.url=jdbc:mysql://127.0.0.1:3306/nacos?characterEncoding=utf8&connectTi
meout=1000&socketTimeout=3000&autoReconnect=true&useUnicode=true&useSSL=false&serv
erTimezone=UTC
03   db.user=root
04   db.password=123456
```

这里通过第1行代码指定了本Nacos服务器将使用一个MySQL数据库来进行持久化管理，通过第2～4行代码指定了Nacos持久化数据库的连接url、用户名和密码等参数。

请注意，连接url中的数据库名（Schema名）是nacos，这需要和之前所创建的数据库名一致，连接用户名和密码需要和MySQL中的设置保持一致。

完成上述操作后，Nacos组件就能实现持久化配置，比如通过Nacos组件创建了若干全局化配置参数，创建后重启Nacos服务器，由于这些全局化配置参数已经持久化在数据表中，因此重启后依然能看到这些配置参数。

14.4.2　搭建集群

在完成Nacos的持久化设置后，可以通过编写配置文件和运行命令的方式搭建Nacos集群，这里将搭建节点数量是两个的Nacos集群，具体操作步骤如下。

步骤 01 把解压后的Nacos目录复制两份，分别命名为nacos cluster node1和nacos cluster node2。

步骤 02 进入nacos cluster node1路径的conf子路径中，打开其中的application.properties文件，在该配置文件中，通过如下代码指定该Nacos节点的工作端口为8858。

```
server.port=8858
```

步骤 03 在nacos cluster node1这个Nacos组件的路径中，进入conf子目录，在其中创建一个名为cluster.conf的配置文件，具体通过如下代码配置集群中的节点信息。

```
01   192.168.1.4:8858
02   192.168.1.4:8868
```

从中可以看出，本集群中包含的两个节点分别工作在本机的8858和8868端口。请注意，在配置Nacos集群的工作主机时，建议采用IP地址的形式，而别用localhost或127.0.0.1等形式，以免出错。

步骤 04 进入nacos cluster node1目录的bin子目录中，用记事本或其他文本的方式打开startup.cmd文件，并通过改变MODE参数的方式设置该Nacos节点的启动方式是"集群"，相关代码如下。

```
set MODE="cluster"
```

至此，完成了集群中nacos cluster node1节点的配置工作，随后进入另一个Nacos的nacos cluster node2路径，在其中的application.properties文件中，通过如下代码设置该节点的工作端口是8868。

```
server.port=8868
```

在nacos cluster node2目录的conf子目录中，同样需要创建cluster.conf配置文件，其中的代码和nacos cluster node1节点中的完全一致。

同时，打开该节点bin子目录中的startup.cmd文件，也是通过如下代码设置该节点的启动模式为"集群"。

```
set MODE="cluster"
```

至此，完成了Nacos集群的搭建工作。如果该集群中需要包含3个甚至更多的节点，可以通过上述步骤依样扩充Nacos节点。

请大家注意，这里是为了演示方便，所以把Nacos集群中的两个节点都设置在本机，只是用不同的端口号来区分。但是在实际项目中，Nacos集群中不同的节点一般会部署在不同的主机或虚拟主机上，而不会都部署在一台主机上。不过，在真实项目中，搭建集群的方式和上述步骤非常相似。

14.4.3　观察集群效果

按照上述步骤配置完成集群中的两个节点后，会打开两个命令行窗口，分别进入nacos cluster node1和nacos cluster node2节点的bin路径，分别运行startup命令，启动这两个Nacos节点。

完成启动这两个Nacos节点后，可在浏览器中输入http://localhost:8858/nacos/index.html，进入Nacos集群的可视化管理界面，此时可视化界面的端口号已经改成Nacos节点1的工作端口。当然，也可以通过http://localhost:8868/nacos/index.html的链接用节点2对应的8868端口进入Nacos可视化管理界面。

进入Nacos可视化界面后，可以单击"集群管理"→"节点列表"子菜单项，可以看到该Nacos集群包含的两个节点的详细信息，具体效果如图14-6所示。

从图14-6可以看到，该Nacos集群对应节点的工作地址，同时能看到该集群所包含的两个节点均处于UP状态。此外，在该界面中，能通过右侧的"下线"按钮删除集群中的指定节点。

图 14-6　在可视化界面中观察到的 Nacos 效果图

14.4.4　向 Nacos 集群注册服务

在之前的章节中，讲过后端prj-backend向单机版Nacos节点注册服务的操作步骤。为了提升可用性，后端项目还可以向Nacos集群注册服务，具体需要修改application.yml文件中的配置信息，修改后的代码如下：

```
01  # 配置项目名
02  spring:
03    application:
04      name: hrmanager
05    cloud:
06      nacos:
07        discovery:
08          server-addr: 127.0.0.1:8858, 127.0.0.1:8868
```

这里依然通过第2~4行代码设置本项目的服务名，而在第5~8行代码中编写了向Nacos集群的注册代码。

完成修改后，在确保Nacos集群工作正常的前提下，启动后端prj-backend项目，就能在可视化界面中看到名为hrmanager的服务，由此能确认后端项目向Nacos集群注册成功。

14.5　整合负载均衡组件

在基于Spring Cloud Alibaba等微服务架构中，一般会把具有相同业务功能的模块同时部署到多个服务器上，比如把实现人事管理的后端系统部署到多个服务器上，从而把请求分摊到多个节点上。

这种做法叫负载均衡，在Spring Cloud Alibaba全家桶组件中，可以通过引入Ribbon组件实现负载均衡的效果。

14.5.1　实现负载均衡的 Ribbon 组件

负载均衡（Load Balance）的含义是，把请求均摊到多个相同的业务组件上执行。具体来说，在微服务架构中，可以像图14-7一样，把实现相同功能的业务模块部署到不同主机上，再引入Ribbon等负载均衡组件，把请求分流到这些业务模块上。

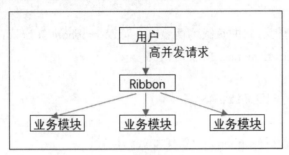

图 14-7　负载均衡效果图

Ribbon是Spring Cloud Alibaba全家桶中实现负载均衡的组件，具体来说，它能提供如下两大负载均衡相关的功能。

- 第一，能根据由配置文件指定的负载均衡算法，从多个服务节点中选取一个节点来发送请求。
- 第二，能保留访问统计信息，这样可以避免向高延迟或高故障的节点发送请求。

而且，在基于Spring Cloud Alibaba全家桶的微服务项目中，程序员能通过编写配置文件等方式高效地整合Ribbon组件实现负载均衡效果。

14.5.2　配置负载均衡参数

可在后端prj-backend的application.yml配置文件中加入如下代码，从而让该后端项目以负载均衡的方式对外提供服务。

```
01  # 负载均衡
02  ribbon:
03    NFLoadBalancerRuleClassName: com.netflix.loadbalancer.RoundRibbonRule
```

这里配置了用轮询的策略实现负载均衡，除此之外，Ribbon组件还提供了如表14-1所示的其他负载均衡策略。

表 14-1　Ribbon 负载均衡策略一览表

负载均衡策略的实现类	负载均衡的规则
com.netflix.loadbalancer.RandomRule	随机策略
com.netflix.loadbalancer.RetryRule	按轮询的方式请求服务，如果请求失败会重试
com.netflix.loadbalancer.AvailabilityFilterRule	引用该策略时，会过滤多次连接失败和请求并发数过高的服务器
com.netflix.loadbalancer.WeightedResponseTimeRule	引用该策略时，会根据平均响应时间为每个服务器设置一个权重，根据该权重值优先选择平均响应时间较小的服务器

比如要设置基于随机访问的负载均衡策略，可以把ribbon.NFLoadBalancerRuleClassName取值设置成com.netflix.loadbalancer.RandomRule。

14.5.3　Ribbon 常用参数分析

可以通过如下方式设置Ribbon为"饥饿加载"模式。

```
01  ribbon:
02    eager-load.enabled: true
```

引入上述配置后，包含Ribbon组件的项目在启动时会立即加载Ribbon的配置，这样该项目在首次被以负载均衡的方式调用时，就能用到在配置文件中所设置的Ribbon特性。

反之如果不设置，那么引入Ribbon组件的项目在第一次被负载均衡方式调用时才会加载配置，这样就会在第一次调用时出现服务超时等异常情况。

除此之外，在实际项目中引入Ribbon组件时，还可以通过定义如下参数来指定Ribbon负载均衡组件的工作方式。

```
01  ribbon.ConnectionTimeout=100              #连接的超时时间
02  ribbon.MaxAutoRetries=3                   #对当前请求实例的重试次数
03  #对每个主机每次最多的HTTP请求数
04  ribbon.MaxHttpConnectionsPerHost=5
05  ribbon.EnableConnectionPool=true  #是否启用连接池来管理连接
06  #只有启动连接池，如下相关池的属性才能生效
07  ribbon.PoolMaxThreads=10                  #池中最大线程数
08  ribbon.PoolMinThreads=3                   #池中最小线程数
09  ribbon.PoolKeepAliveTime=20               #线程的等待时间
10  ribbon.PoolKeepAliveTimeUnits=SECONDS #等待时间的单位
```

上述参数是以properties的格式来定义的，对应地，可以把它们转换成YML格式。

尤其是，为了避免项目以负载均衡方式提供服务时出现长时间不响应的情况，可以用类似第1行代码的形式设置超时时间，同时可以根据业务需求，用类似第2行代码的形式设置不重试，或者合适的重试次数。

不过在使用Ribbon实现负载均衡时，如果没有特殊需求，可以不进行任何配置，即使用Ribbon组件的默认配置参数。

14.6　实　践　练　习

（1）阅读14.1节的描述，理解基于Spring Cloud Alibaba组件的微服务架构的构成，在此基础上理解基于Spring Boot单机版架构和微服务架构的差别。

（2）根据14.2节和14.3节的提示，下载并搭建Nacos运行环境，并尝试把后端项目的服务注册到Nacos组件中。

（3）根据14.4节给出的步骤，实现 Nacos持久化效果，并在此基础上搭建Nacos集群， 同时把后端服务向Nacos集群注册。

（4）阅读14.5节的内容，理解负载均衡的概念，并尝试在后端项目中引入Ribbon组件，实现"基于随机"的负载均衡访问策略。

第 15 章

限流、熔断和服务降级

本书所给出的人事管理系统未必有很高的并发量，但在一些高并发的微服务项目中，如果不做流量安全方面的防护措施，那么在高并发的冲击下，一些业务模块可能会因负载过大而导致产线问题。对此，在基于 Spring Cloud Alibaba 的微服务系统中，一般会引入 Sentinel 安全防护组件。

本章在讲述搭建 Sentinel 运行环境的基础上，讲述用该组件实现限流、熔断和服务降级等安全措施的做法。

15.1　微服务架构中的安全防护需求

在高并发的微服务项目中，除要实现业务功能外，还要应对高并发的挑战，一般来说，需要考虑限流、熔断和服务降级等方面的安全防护需求。

15.1.1　限流需求概述

顾名思义，限流的含义是限制流向某个系统或业务模块的流量。比如在某商城的秒杀场景中，商品数量只有100个，一般的做法是在秒杀开始后的10秒内，把访问请求的数量限制在100个，然后从这100个请求中挑选10个成功者。

限流的单位一般是IP地址，即某个IP地址一秒内只能发起一个请求，超过这个数量的话，就可能直接得到返回码为500的错误结果。

15.1.2　熔断需求概述

大家可以用日常生活中的电流保险丝案例来理解熔断的概念，比如当流经保险丝的电流升高到某个过高的异常程度时，保险丝就会被熔断，这样过高的电流就不会流向电器，从而能够避免电器因过高的电流而被烧坏。

在高并发场景中，"断路器"模块能起到"保险丝"的防护效果，具体来说，当并发量过高，同时方法的返回时间过长，或者该请求导致的异常数过多，断路器就会暂时切断流向业务模块或业务方法的请求，这种保护性的做法就叫熔断。

从实践角度来看，熔断是一种不得已的防护措施。如果不设置熔断保护的话，高并发的请求非常有可能会导致模块或方法处理时间过慢，从而导致系统资源耗尽等比较严重的产线事故，在这种情况下，可能整个应用系统都会处于挂起状态，无法响应来自客户端的访问请求。

15.1.3　高并发下的服务降级

服务降级的含义是，在一些因限流或熔断而导致的异常场景中，特定的业务模块或方法会根据事先制定的策略，用正常业务逻辑之外的方式快速地向客户端返回错误提示信息。

比如该人事管理系统向前端用户提供了"查询部门信息"的方法，在正常情况下，该方法能正常地返回结果，但在查询请求数量过多，而且查询部门信息的方法出现故障的情况下，应当直接向前端返回500错误码，同时返回"请稍后再试"等提示信息。

从服务效果来看，这种返回方式确实降低了服务效果，这就是所谓"服务降级"的由来，但在业务方法出现故障时，一方面不应让用户长时间等待，另一方面应当返回比较友好的结果，这就是引入服务降级机制的动机。

反之，如果不及时返回提示信息，那么出现故障时，系统可能会长时间保持客户端请求，这样大量被保持的请求有可能耗尽内存或线程池等资源，从而可能会导致比较严重的产线故障。

15.2　搭建Sentinel环境

在Spring Cloud Alibaba全家桶系列组件中，通过使用Sentinel组件能实现安全防护方面的需求，而且该组件还包含一个控制台，程序员能通过该控制台有效地监控并设置限流、熔断和服务降级等方面的安全需求。

15.2.1　下载 Sentinel 组件

可到https://github.com/alibaba/Sentinel/releases等处下载Sentinel组件，该组件的表现形式是

JAR包，而不是一个压缩包。比如本章用的是Sentinel的1.8.2版本，即可下载名为sentinel-dashboard-1.8.2.jar的文件。

下载完成后，打开命令行窗口，进入该JAR包所在的目录，再通过如下命令启动Sentinel控制台，同时监听外部请求。

```
1   java -Dserver.port=8090 -jar sentinel-dashboard-1.8.2.jar
```

在这条命令中，通过server.port参数指定该控制台的工作端口，这里通过-jar参数指定启动控制台时所用的JAR包，这里使用的是前面提到的sentinel-dashboard-1.8.2.jar文件。

15.2.2 观察 Sentinel 控制台界面

通过上述命令启动Sentinel控制台后，可以在浏览器中输入http://localhost:8090/，进入Sentinel控制台的登录界面，登录时初始化的用户名和密码都是sentinel（均小写）。成功登录后，能进入如图15-1所示的欢迎页面。

图 15-1　Sentinel 控制台的初始化页面

在图15-1中，此时还看不到限流和熔断等安全防护措施的配置菜单，这是因为当下还没有项目连接到Sentinel控制台。

在后端prj-backend项目中整合Sentinel组件后，不仅可以看到安全防护相关的菜单，还能通过这些菜单项设置各限流等安全防护措施的参数。不过如果能看到如图15-1所示的Sentinel初始化界面，就能证明在本地成功安装Sentinel组件。

15.3　实现限流效果

本书给出的人事管理系统是通过控制器类以URL的形式提供服务的，所以在该项目中引入Sentinel组件后，就能针对相关的URL访问请求定义限流效果。

而且从前面的内容来看，限流参数定义在Sentinel控制台中，而不是定义在Spring Boot项目中，这样就能实现"限流"和"业务"分离的效果，从而有效降低维护限流功能的难度。

15.3.1 引入依赖包

为了能在项目中引入提供安全防护措施的Sentinel组件，需要在后端项目的pom.xml文件中编写如下代码，引入Spring Cloud Alibaba和Sentinel依赖包。

```
01   <dependencyManagement>
02      <dependencies>
```

```
03          <dependency>
04              <groupId>com.alibaba.cloud</groupId>
05 <artifactId>spring-cloud-alibaba-dependencies</artifactId>
06              <version>2.2.1.RELEASE</version>
07              <type>pom</type>
08              <scope>import</scope>
09          </dependency>
10      </dependencies>
11 </dependencyManagement>
12 <dependencies>
13      <dependency>
14          <groupId>org.springframework.boot</groupId>
15          <artifactId>spring-boot-starter-web</artifactId>
16      </dependency>
17      <dependency>
18          <groupId>com.alibaba.cloud</groupId>
19 <artifactId>spring-cloud-starter-alibaba-sentinel</artifactId>
20      </dependency>
21 </dependencies>
```

由于Sentinel组件也属于Spring Cloud Alibaba全家桶系列，因此要通过第1～11行代码引入Spring Cloud Alibaba的依赖包，这部分代码和之前引入Nacos依赖包时的代码完全一致。

在此基础上，需要用第13～16行代码引入Spring Boot Web的依赖包，同时通过第17～20行代码引入Sentinel安全防护组件的依赖包。

15.3.2 编写配置文件

为了在本后端项目中引入Sentinel组件实现各种安全防护措施，需要在resources目录下的application.yml配置文件中定义如下配置参数。

```
01  spring:
02    cloud:
03      sentinel:
04        transport:
05          port: 9000
06          dashboard: localhost:8090
```

该配置文件通过第5行代码设置了该后端项目和Sentinel控制台的交互端口为9000，通过第6行代码指定了Sentinel控制台的IP地址和端口号。

完成上述配置后，再次启动后端prj-backend项目，再次进入Sentinel控制台，就能看到关于该项目的限流和熔断等效果的配置菜单项。

15.3.3 在方法上添加注解

这里以获取所有部门信息的方法为例，讲述实现限流效果的步骤。

后端项目DeptController控制器类的list方法提供了"返回所有部门信息"的功能，为了针对该功能实现限流效果，需要在该方法前加入@SentinelResource注解，详细代码如下。

```
01   import com.alibaba.csp.sentinel.annotation.SentinelResource;
02   //省略其他import语句
03   @RestController
04   @RequestMapping("/dept_info")
05   public class DeptController extends BaseController {
06       @Autowired
07       private IDeptService deptService;
08       // 查询部门信息管理列表
09       @SentinelResource(value = "deptList")
10       @GetMapping("/list")
11       public TableDataInfo list(Dept dept) {
12           log.debug("DeptController, list" + dept.toString());
13           log.info("查询所有部门的信息");
14           startPage();
15           List<Dept> list = deptService.selectDeptList(dept);
16           return getDataByPage(list);
17       }
18       //省略其他功能方法
19   }
```

这里第11~17行的list方法被第9行的@SentinelResource注解所修饰，该注解通过value参数指定该 list方法在Sentinel组件中的标识符，这样在Sentinel安全防护组件的控制台中，就能通过该deptList标识符来配置该list方法的限流参数。

如果要使用其他方法配置限流效果，也可以在对应的方法之前加入@SentinelResource注解以及对应的标识符。

从上述控制器的代码中可以看到，在具体的功能方法中，并没有编写限流参数，事实上这些参数是在Sentinel组件的控制台中配置的，这样"限流动作"和"业务动作"这两者就不会相互干扰。

15.3.4 通过控制台实现限流效果

完成上述开发动作后，可在命令行中进入sentinel-dashboard-1.8.2.jar包所在目录，通过如下命令启动Sentinel组件，再启动后端项目。

```
01   java -Dserver.port=8090 -jar sentinel-dashboard-1.8.2.jar
```

随后可通过在浏览器中输入http://localhost:8090/请求进入Sentinel控制台管理界面。由于后端prj-backend项目对外的服务名是hrmanager，因此在如图15-2所示的控制台界面能看到该服务名对应的项目。

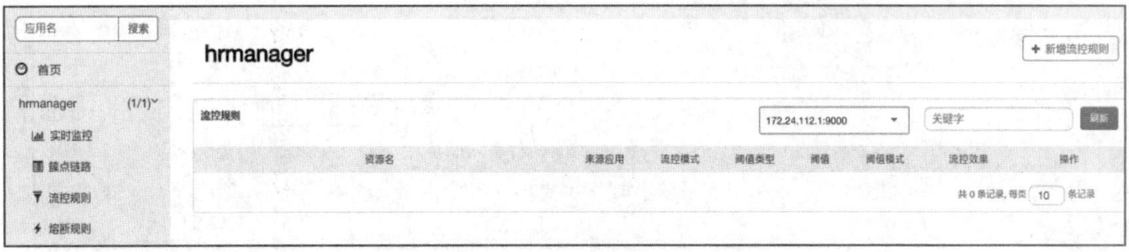

图 15-2　Sentinel 组件整合后端项目的效果图

在图15-2中，可单击左侧的"流控规则"菜单进入流量配置的相关界面，在该界面，单击右上方的"新增流控规则"按钮，能弹出如图15-3所示的窗口，在其中可以针对某个方法配置限流参数。

图 15-3　Sentinel 新增流量控制规则的效果图

在"资源名"文本框中，可填入待限流的服务名，由于在控制器类中，list对应@SentinelResource注解的标识符是deptList，所以在为该方法定义限流参数时，所对应的"资源名"需要填这个值。

在"阈值类型"单选框中，可设置是针对每秒访问的请求数（QPS）还是并发线程数限流，这里选的是针对QPS限流。在"单机阈值"本文框中，可配置限流的具体数值，这里填写的是1。

综合上述配置，这里设置的限流动作是，针对获取部门信息的list方法，配置了"每秒只能访问一次"的限流效果。完成后可通过单击右下方的"新增"按钮保存设置的结果。

保存该规则后，再次刷新控制台页面，如果能看到如图15-4所示的结果，就能确认成功保存上述流量控制的规则。

hrmanager
+ 新增流控规则
流控规则
172.24.112.1:9000
关键字
刷新
资源名
来源应用
流控模式
阈值类型
阈值
阈值模式
流控效果
操作
deptList
default
直接
QPS
1
单机
快速失败
编辑
删除
共 1 条记录, 每页
10
条记录

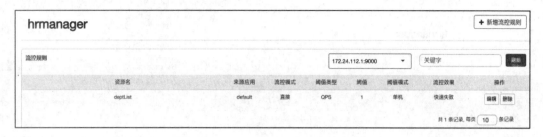

图 15-4　成功保存流量控制规则的效果图

15.3.5　观察限流效果

完成上述限流设置后，可启动前端页面，登录后多次刷新“部门页面”，确保一秒内多次访问DeptController控制器类中的list方法。

此时当流量突破“每秒只能访问一次”的限制，就能看到如图15-5所示的错误页面，从而能能看到限流效果。

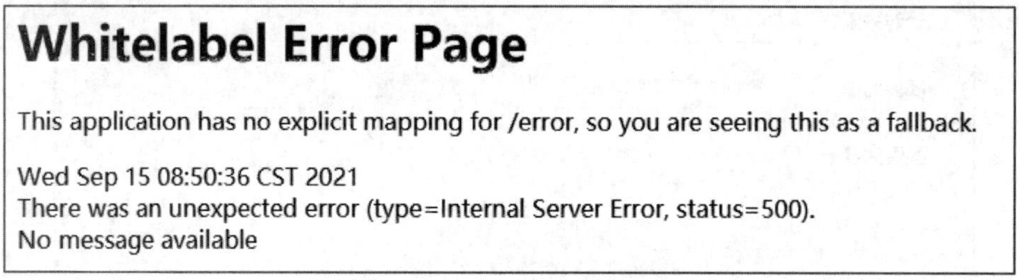

Whitelabel Error Page
This application has no explicit mapping for /error, so you are seeing this as a fallback.
Wed Sep 15 08:50:36 CST 2021
There was an unexpected error (type=Internal Server Error, status=500).
No message available

图 15-5　突破限流后的错误界面

同时，可以在后端项目的Spring Boot控制台和日志中看到如下错误提示信息，由此能进一步确认限流的效果。

```
01  com.alibaba.csp.sentinel.slots.block.flow.FlowException: null
```

15.4　实现熔断效果

在高并发的应用场景中，如果发向某业务模块或方法的请求在指定时间内访问数量达到一定指标，同时异常出现的请求也达到一定指标，那么就会暂时性地中断针对该模块或方法的调用，这种安全防护机制就叫熔断。

15.4.1　设置需要熔断的方法

这里将针对EmployeeController控制器类的list方法设置熔断效果，首先依然需要为该方法添加@SentinelResource注解，同时设置针对该list方法的标识符为empList，相关代码如下。

```
01    import com.alibaba.csp.sentinel.annotation.SentinelResource;
02    //省略其他import语句
03    @RestController
04    @RequestMapping("/employee")
05    public class EmployeeController extends BaseController {
06        @Autowired
07        private IEmployeeService employeeService;
08        //查询员工信息管理列表
09        @SentinelResource(value = "empList")
10        @GetMapping("/list")
11        public TableDataInfo list(Employee employee) {
12            startPage();
13            List<Employee> list = employeeService.selectEmployeeList(employee);
14            return getDataByPage(list);
15        }
16         //省略其他方法
17    }
```

15.4.2 设置慢调用熔断参数

完成编写注解代码后，可重启Spring Boot后端项目，重启后在Sentinel的控制台中单击"熔断规则"菜单，进入如图15-6所示的界面。

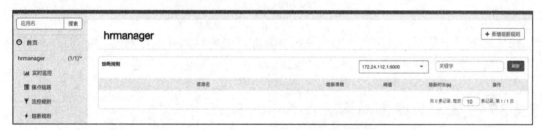

图 15-6 Sentinel 管理熔断规则的界面

单击图15-6右上方的"新增熔断规则"按钮，进入如图15-7所示的"新增熔断规则"界面，其中"资源名"这栏需要填写在@SentinelResource注解中的value值。

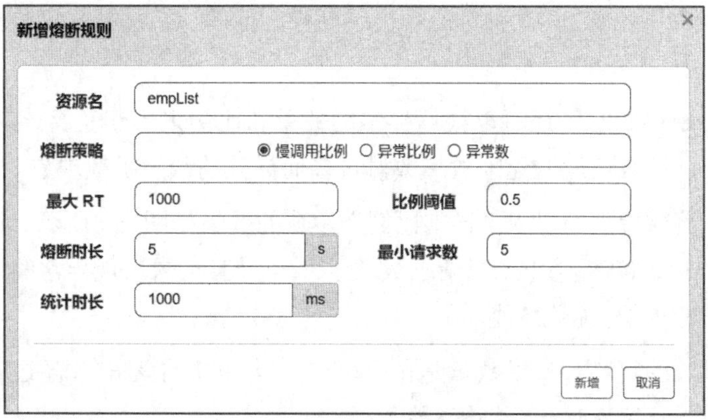

图 15-7 设置熔断参数的效果图

在图15-7的"熔断策略"这一栏中，选择"慢调用比例"选项，表示触发熔断的条件是该方法在被调用时返回过慢。

在"最大RT"这一栏中，填入数值1000，同时在"比例阈值"这一栏中填入数值0.5，在"熔断时长"这一栏中填入数值5，在"最小请求数"这一栏中填入数值5，在"统计时长"这一栏中填入数值1000。

结合这些参数，设置标识符empList对应的list方法具有如下熔断效果：在统计时长所定义的1000毫秒（1秒）内，如果收到的请求数超过5个，同时返回时间超过1000毫秒的请求比例超过50%，就会触发熔断效果，此时针对该方法的调用请求会快速失效，而且该方法的熔断时长会持续5秒。

在设置熔断规则时请注意，只有当在统计时长内的请求数超过"最小请求数"，同时"超过调用时间的请求比例"超过比例阈值，才会触发熔断条件，即该方法进入快速失效状态，如果只满足其中一个条件，则不会触发熔断。

触发熔断后，Sentinel组件会根据"熔断时长"参数，让该方法持续熔断一段时间，比如5秒。过了这段时间后，Sentinel组件会继续监控调用该方法的请求。

如果在之后的统计时长范围内，请求数量还是超过"最小请求数"并且"超过调用时间的请求比例"超过比例阈值时会继续触发熔断条件，反之就不会再次触发熔断，该方法会恢复正常状态。

相比之下，如果不设置熔断，那么在高并发的场景中，因处理时间过长会导致大量请求被积压，进而导致CPU、内存或线程等资源耗尽，由此会导致产线问题。

15.4.3 设置异常熔断参数

从图15-7中可以看到，在创建熔断规则时，"熔断策略"中除可以选择"慢调用比例"外，还可以选用"异常比例"和"异常数"这两项。

比如，针对某方法的请求出现异常的数量超过一定程度，这就说明该方法本身可能有问题，此时如果继续调用该方法，很有可能会出现同样的问题，导致系统资源被白白占用，尤其是在高并发的场景中。

所以在引入熔断机制时，还可以根据异常的数量和比例来判断是否该触发熔断，这样不仅能有效节省资源，而且还能避免因故障数量过多而导致的故障扩散现象。

具体来说，在熔断规则中引入"异常比例"参数的效果如图15-8所示，通过图15-8设置的熔断规则，在统计时长1000毫秒内，当请求数超过5个，并且请求出现异常的比例超过50%时，会触发熔断，且熔断时长会持续5秒。

比如在统计时长的1秒内，请求数量是10个，但异常请求数量是6个，超过了50%这个比例，此时就会触发熔断，且熔断时长会持续5秒。

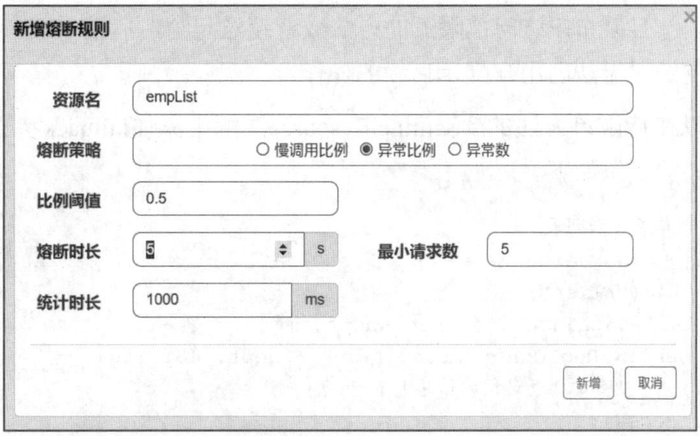

图 15-8 设置基于异常比例的熔断规则效果图

而通过"异常数"来指定熔断规则的效果如图15-9所示。图15-9设置的熔断规则是，在统计时长1000毫秒内，当请求数超过5个，而且异常请求的数量大于或等于3个时，会触发熔断，且熔断会持续5秒。

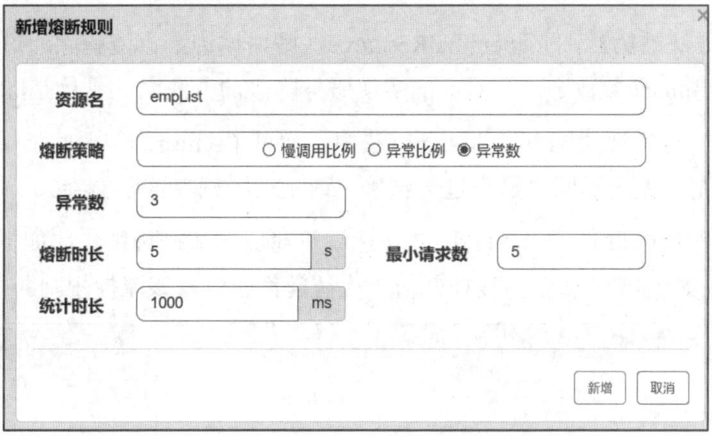

图 15-9 设置基于异常数的熔断规则效果图

15.5 实现服务降级效果

前面提到的一个概念叫"快速失效"，即某处于熔断状态的方法在收到请求后，立即返回一个用户可接收的错误提示信息。这种返回用户可以接受，但相比于正常情况，用户得到的服务质量其实是降级的，这就是所谓的"服务降级"。

15.5.1 整合限流和服务降级

服务降级除可以应用在熔断场景外，还可以应用在前面提到的"限流"场景。按照前面的设置，一秒内，一旦某个IP访问被限流的方法数量超过一个，后端系统会返回500页面，这样的返回不能算友好，无法向用户提示后续的操作。

事实上，可以在待限流方法的@SentinelResource注解中添加fallback参数，指定提供降级服务的方法名，相关代码如下。

```
01  //查询部门信息管理列表
02  @SentinelResource(value = "deptList",fallback ="fallbackAction")
03  @GetMapping("/list")
04  public TableDataInfo list(Dept dept) {
05      log.debug("DeptController, list" + dept.toString());
06      log.info("查询所有部门的信息");
07      startPage();
08      List<Dept> list = deptService.selectDeptList(dept);
09      return getDataByPage(list);
10  }
11  //实现服务降级的方法
12  public String fallbackAction() {
13      return "操作过于频繁，请稍后再试";
14  }
```

第4行的list方法被第2行的@SentinelResource注解所修饰，该注解除通过value参数定义标识符外，还通过fallback参数定义了对应的实现服务降级的方法名，具体是fallbackAction。

而在第12~14行实现的fallbackAction方法中，通过了return语句返回了一串字符串，即一旦出现了限流情况，就会返回"操作过于频繁，请稍后再试"这段文字。

完成上述代码修改后，可以更改deptList标识符对应的流控规则，比如把"单机阈值"设置成0，具体效果如图15-10所示，这样任何一次访问都会触发该流控规则。

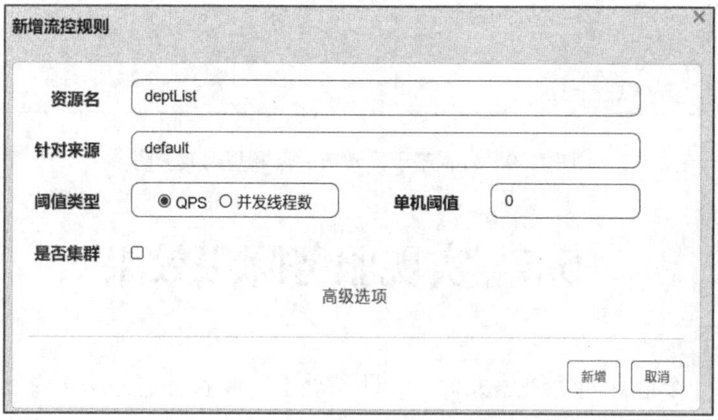

图 15-10 把限流参数更改成 0 的效果图

完成更改到前端页面发起"查询所有部门"的请求，此时不会再看到因限流而导致的500错误提示页面，而是看到如下提示信息，即服务降级方法被有效触发，从中可以观察到限流动作整合服务降级动作的做法。

```
01  操作过于频繁，请稍后再试
```

15.5.2 整合熔断和服务降级

同样的道理，熔断整合服务降级的代码如下，其中依然通过在@SentinelResource方法中添加fallback参数来指定实现服务降级的方法名，只不过这里在fallbackAction方法中返回了针对熔断动作的提示信息。

```
01   //查询员工信息管理列表
02   @SentinelResource(value = "empList",fallback ="fallbackAction")
03   @GetMapping("/list")
04   public TableDataInfo list(Employee employee) {
05       startPage();
06       List<Employee> list = employeeService.selectEmployeeList(employee);
07       return getDataByPage(list);
08   }
09   //实现服务降级的方法
10   public String fallbackAction() {
11       return "该方法被熔断，请稍后再试";
12   }
```

这里在提供降级服务的方法中只是返回了一段文字，在实际应用场景中，还可以通过这类方法跳转到指定的错误提示页面。总之，引入服务降级的目的是让用户快速得到有效的提示信息，而不至于看到不友好的错误提示页面。

15.5.3 服务降级要点分析

前面讲述了通过@SentinelResource注解实现服务降级的操作点，而表15-1整理了一些常用的服务降级策略。

表 15-1 常用的服务降级策略归纳表

服务降级策略	服务降级的目的
非核心模块与核心模块连接同一个数据库，当数据库压力过大时，非核心模块访问数据库的连接会被降级，即快速失效	在高并发的情况下，确保数据库等关键资源优先向核心模块提供服务
在系统压力过大的情况下，比如CPU或内存用量过大，或数据库访问过大，暂时终止日志等非核心模块的运行	在高并发的情况下，确保非核心模块不会抢占系统资源，从而确保核心模块能优先得到关键资源
在电商等 Web 应用中，如果对用户发起的请求在长时间内无法回应，应当及时跳转到 "请稍后再试" 之类的页面	不让用户长时间等待，或者不向用户不友好的页面，从而确保用户有较好的体验
在秒杀等可以事先预估的高并发业务场景中，启用前配置好限流参数，同时绑定合适的服务降级方法	最大限度地避免系统处理无效的请求

总之，在Web应用系统中，尤其是高并发的Web应用系统中，不仅需要确保业务模块在正

常情况下运行正常，更需要确保它们在各种极端情况下依然返回用户能接受的结果，而不至于耗尽系统资源。

总之，如果在后端系统中引入Sentinel组件，程序员可以针对诸多高并发风险有效实现各种安全防护措施，从而确保系统在异常情况下的高可用性。

15.6 实 践 练 习

（1）阅读15.1节的描述，理解限流、熔断和服务降级等概念。

（2）根据15.2节给出的步骤，在本地下载并启动Sentinel组件，同时观察该组件控制台界面的效果。

（3）根据15.3节给出的步骤，针对"插入部门信息"的接口方法设置限流效果，限流的参数是每个IP地址一秒内只能发出一个请求。

（4）根据15.4节给出的步骤，针对"插入员工信息"的接口方法设置熔断效果，熔断的参数是，5秒内的请求数超过20个，且异常请求数量超过10个，触发熔断，且熔断时长为5秒。

第 16 章
整合Gateway网关组件

在微服务框架中，网关一般用来统一接收来自前端的请求，并通过转发等形式把请求转发到相应的业务模块上，也就是说，网关层组件能实现负载均衡的效果。而且在高并发场景下，在网关层还能设置限流和熔断等参数，从而保护后端服务器的资源不会被过载。

本章一方面将给出用 Gateway 组件实现"转发请求"等常用网关层操作的实践要点，另一方面将给出 Gateway 整合 Nacos 与 Sentinel 组件，在网关层实现负载均衡和各种安全防护措施的操作要点。

16.1　Gateway网关组件概述

本节首先讲述在Spring Boot项目中引入Gateway组件的做法，随后讲述用该组件中的过滤器和断言机制实现路由的做法。

16.1.1　Gateway 网关组件的作用

网关组件能起到门户的作用，在接收到来自前端或客户端的请求后，网关组件会根据配置的转发策略和负载均衡策略把请求转发到业务模块上，相关效果如图16-1所示。

在微服务架构中引入Gateway组件后，除能通过过滤器（Filter）和断言（Predicate）定位请求外，还能整合Nacos和Ribbon组件实现服务治理和负载均衡的效果。在此基础上，如果请求的并发量很高的话，还可以引入Sentinel组件实现限流和熔断等安全防护措施。

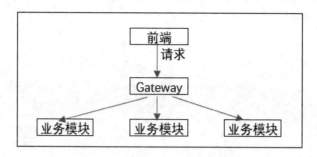

图 16-1   网关转发请求的效果图

16.1.2   创建网关项目

这里请注意，网关相关的代码和配置不是写在后端业务模块prj-backend项目中的，而是写在名为Gateway的网关项目中。在真实项目中，其实也是分离业务代码和网关逻辑的。

名为Gateway的网关项目也是基于Maven的项目，在该项目的pom.xml文件中，需要用如下关键代码引入Spring Clou Alibaba和Gateway组件的依赖包。

```
01  <dependencyManagement>
02      <dependencies>
03        <dependency>
04            <groupId>org.springframework.cloud</groupId>
05  <artifactId>spring-cloud-dependencies</artifactId>
06            <version>Hoxton.SR8</version>
07            <type>pom</type>
08            <scope>import</scope>
09        </dependency>
10      </dependencies>
11    </dependencyManagement>
12    <dependencies>
13      <dependency>
14          <groupId>org.springframework.cloud</groupId>
15  <artifactId>spring-cloud-starter-gateway</artifactId>
16      </dependency>
17    </dependencies>
```

上述代码首先通过第1～11行的dependencyManagement代码引入Spring Cloud Alibaba的通用依赖包，随后通过第12～17行代码引入Gateway组件的依赖包。

该项目只会用到Gateway组件，而不会包含其他业务逻辑。同时请注意，这里在引入spring-cloud-starter-gateway依赖包后，就不需要再引入spring-boot-starter-web依赖包了。

在该项目的启动类也用到了@SpringBootApplication注解，具体代码如下。

```
01  package prj;
02  import org.springframework.boot.SpringApplication;
03  import org.springframework.boot.autoconfigure.SpringBootApplication;
04  @SpringBootApplication
```

```
05   public class SpringBootApp {
06      public static void main(String[] args) {
07         SpringApplication.run(SpringBootApp.class, args);
08      }
09   }
```

16.1.3 转发前端请求

在前面创建的Gateway网关项目中，在resources目录的application.yml文件中定义转发请求的相关代码。

```
01   server:
02     port: 8090
03   spring:
04     cloud:
05       gateway:
06         routes:
07         # 路由id，可随便命名，但要确保唯一
08         - id: hrmanager_route
09           # 匹配后的地址
10           uri: http://localhost:8080
11           #断言
12           predicates:
13             # 把所有的请求转发到8080端口
14             - Path=/**
```

上述代码首先通过第1行和第2行代码指定了本项目的工作端口是8080端口，随后通过第3~14行代码定义了id为hrmanager_route的路由规则。

这里定义的路由规则是，把发到该项目8090端口上的所有请求转发到8080端口（prj-backend项目的工作端口）。完成上述配置后，到前端prj-frontend项目中，把vue.config.js中的路由路径改成指向8090端口，项目代码如下。

```
01   devServer: {
02     host: '0.0.0.0',
03     port: port,
04     open: true,
05     proxy: {
06       [process.env.VUE_APP_BASE_API]: {
07         target: `http://localhost:8090`,
08         changeOrigin: true,
09         pathRewrite: {
10           ['^' + process.env.VUE_APP_BASE_API]: ''
11         }
12       }
13     },
```

这里修改的是第7行的代码，修改前target的值是http://localhost:8080。

也就是说，在修改前，前端prj-frontend项目直接向后端prj-backend项目所工作的8080端口

发送请求，而现在的请求发送到Gateway项目所在的8090端口，通过Gateway项目把请求转发到后端prj-backend项目，具体效果如图16-2所示。

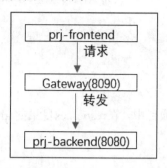

图 16-2　前后端项目整合网关的效果图

这里为了方便演示，把网关项目和后端项目部署在同一台主机上，只是用端口号来区分。在真实项目中，一般会尽可能地分离网关和业务组件，这样能最大限度地对外界屏蔽业务实现细节。

16.1.4　网关过滤器

前面给出的是"直接转发"的案例，事实上，在网关层还能通过过滤器组件（Filter组件）根据特定规则处理请求后再转发请求。

Gateway网关组件提供了多种过滤器，不过用得比较多的是两种过滤器，一种是能去掉路径前缀的StripPrifix，另一种是能在原有路径前添加前缀的PrefixPath过滤器。在Gateway项目的application.yml配置文件中，可以通过如下代码添加上述两种过滤器。

```
01  spring:
02    cloud:
03      gateway:
04        routes:
05          - id: StripPrefix_route
06            # 匹配后的地址
07            uri: http://localhost:8080
08            predicates:
09              - Path=/needRemoved/**
10            filters:
11              - StripPrefix=1
12          - id: PrefixPath_route
13            # 匹配后的地址
14            uri: http://localhost:8080
15            predicates:
16              - Method=GET
17            filters:
18              - PrefixPath=/newLevel
```

在上述配置文件的第5～11行代码中创建了id为StripPrefix_route的过滤器，在该过滤器中，通过第10行和第11行的filters参数以及第8行和第9行的Path参数指定了当该过滤器匹配到/needRemoved请求后,会过滤掉该URL第一层的前缀。

对此,可把前端项目vue.config.js文件中的路由路径修改成如下代码,即可触发该过滤器。

```
01  target: `http://localhost:8090/needRemoved `,
```

而在上述配置文件的第12～18行创建了id为PrefixPath_route的过滤器,该过滤器通过其中第17行和第18行的filters参数以及第15行和第16行的Path参数指定了该过滤器一旦匹配到GET类型的URL请求,就会为该请求添加/newLevel前缀。

比如前端发送了如下第1行所示的请求,该请求由于是GET类型的,因此会触发PrefixPath_route过滤器,触发后,该请求会变成如下第2行所示的格式。当然,为了能让该请求正常工作,需要对应地修改后端控制器方法的@RequestMapping注解。

```
01  http://localhost/employee/list?pageNum=1&pageSize=10
02  http://localhost/newLevel/employee/list?pageNum=1&pageSize=10
```

16.1.5　断言及其关键字

前面用到了断言(Predicates)来定义Gateway组件的路由规则,在断言中一般通过Path关键字来指定匹配路径。比如下面给出的断言会在URL请求中包含/needRemoved字符串时生效。

```
01  predicates:
02    - Path=/needRemoved/**
```

而在断言中可以通过Method关键字来定义待匹配请求的方法,比如下面给出的断言只会匹配GET类型的URL请求。

而如下断言则定义,只要URL请求是Get类型的,该断言所对应的路由规则就会生效。

```
01  predicates:
02    - Method=GET
```

此外,还能在断言中加入Before关键字来定义该断言的生效时间,即在这个时间点以后,该断言就会失效。

```
01  predicates:
02    - Before=2023-09-01T18:00:00.000-18:00[Asia/Shanghai]
```

和Before关键字相对应的是After关键字,用此关键字能定义该断言是在指定时间点之后生效。

```
01  predicates:
02    - After=2021-09-05T18:00:00.000-18:00[Asia/Shanghai]
```

同时,也可以在断言中加入RemoteAddr关键字来定义该断言只适用于从特定IP地址发来的请求,这样从其他地址发来的请求就不会触发该断言。

```
01   predicates:
02     - RemoteAddr=192.168.12.100
```

16.2 整合Nacos和Sentinel

在网关组件中，一般可以整合Gateway和Nacos组件，从而实现负载均衡的效果。除此之外，还可以整合Sentinel安全管理组件，从而在网关层引入限流和熔断等安全防护措施。

16.2.1 整合后的效果图

整合后的效果如图16-3所示。Gateway网关组件整合Nacos组件的目的是，从Nacos中得到请求的访问地址，整合Sentinel组件的目的是，在网关层统一实现各种安全防护措施。

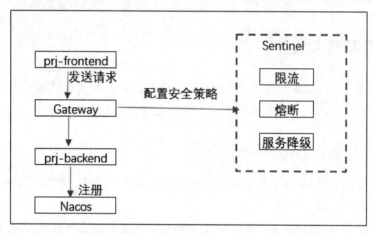

图 16-3 Gateway 整合 Nacos 和 Sentinel 组件的效果图

16.2.2 整合 Nacos 组件

为了能在Gateway项目中整合Nacos组件，需要在启动类中添加@EnableDiscoveryClient注解，改动后的代码如下。

```
01   @EnableDiscoveryClient
02   @SpringBootApplication
03   public class SpringBootApp {
04       public static void main(String[] args) {
05           SpringApplication.run(SpringBootApp.class, args);
06       }
07   }
```

此外，还需要在application.yml文件中配置Nacos和Gateway的相关参数，修改后的代码如下。

```
01   server:
02     port: 8090
03   spring:
04     cloud:
05       gateway:
06         routes:
07           # 路由id, 可随便命名, 但要确保唯一
08           - id: hrmanager_route
09             # 匹配后的地址
10             #uri: http://localhost:8080
11             uri: lb://hrmanager/
12             #断言
13             predicates:
14               # 把所有的请求转发到8080端口
15               - Path=/**
16       nacos:
17         discovery:
18           server-addr: 127.0.0.1:8848
```

在上述代码第5~15行的gateway网关配置参数中，修改了第11行的uri参数，修改后的转发规则是，收到请求后，会转发到注册在Nacos组件中的hrmanager服务。由于后端prj-backend项目注册到Nacos的服务名是hrmanager，这里配置的转发目标其实也是后端prj-backend项目。

这里请注意，如果要通过Gateway组件配置向Nacos的转发规则，uri参数就应该以lb开头，其中lb是loadbalace负载均衡的缩写，而lb之后配置的是项目注册在Nacos中的服务名。

同时，在Gateway项目的application.yml配置文件中，也需要用第16~18行代码配置Nacos组件的连接参数。

16.2.3　在网关层实现负载均衡

在前面搭建的集群中，Gateway组件通过Nacos把请求转发到工作在8080端口的后端项目中，事实上Gateway网关组件还可以通过负载均衡的方式把请求转发到两个或多个prj-backend项目中，具体效果如图16-4所示。

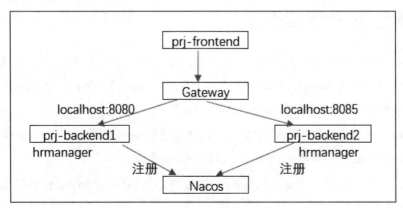

图 16-4　用 Gateway 和 Nacos 实现负载均衡的效果图

该集群的实现要点是，以复制prj-backend项目的方式创建另一个项目，通过配置文件，该项目工作在8085端口，该项目的服务名依然是hrmanager，同样是注册到Nacos组件上。

需要说明的是，由于本书是在同一台计算机上搭建业务项目的，因此只能用不同的端口号来进行区分，事实上在真实项目中，可以把业务项目部署在不同的主机上，这样就可以让它们都工作在8080端口。

同时，在实现该集群时，无须修改Nacos组件的配置，也无须修改Gateway项目中关于转发和Nacos的配置值，不过依然需要确认prj-frontend项目的vue.config.js路由转发参数为下面第7行所示的localhost:8090。

```
01  devServer: {
02    host: '0.0.0.0',
03    port: port,
04    open: true,
05    proxy: {
06      [process.env.VUE_APP_BASE_API]: {
07        target: `http://localhost:8090`,
08        changeOrigin: true,
09        pathRewrite: {
10          ['^' + process.env.VUE_APP_BASE_API]: ''
11        }
12      }
13    },
```

这样前端的请求会发向工作在8090端口的Gateway项目，而该项目会通过Gateway网关组件的转发规则，把该请求以lb:hrmanager的形式轮流发送到工作在8080和8085的业务组件上，由此实现负载均衡的效果。

需要说明的是，在这里的Gateway网关项目或prj-backend后端项目中都没有引入Ribbon组件的依赖包，也没有编写基于Ribbon组件的负载均衡相关配置，但这里依然能实现负载均衡的效果，原因是，Gateway网关组件已经自动包含了Ribbon组件，所以该组件会用Ribbon的默认参数来实现负载均衡效果。

16.2.4 整合 Sentinel 组件

为了在Gateway项目中整合Sentinel组件从而引入限流等安全防护措施，首先需要进入命令行窗口，在其中进入sentinel-dashboard-1.8.2.jar文件所在的路径，再用java -Dserver.port=8099 -jar sentinel-dashboard-1.8.2.jar命令启动Sentinel控制台。

由于Gateway组件的工作端口是8090，因此这里设置Sentinel的工作端口为8099，启动后，可在浏览器中输入http://localhost:8099/，以确认Sentinel控制台成功启动。

随后，可在Gateway项目的application.yml文件中添加指向Sentinel组件的配置代码，修改后的代码如下。

```
01   server:
02     port: 8090
03   spring:
04     cloud:
05       gateway:
06         routes:
07           # 路由id，可随便命名，但要确保唯一
08           - id: hrmanager_route
09             # 匹配后的地址
10             #uri: http://localhost:8080
11             uri: lb://hrmanager/
12             #断言
13             predicates:
14               # 把所有的请求转发到8080端口
15               - Path=/**
16     nacos:
17       discovery:
18         server-addr: 127.0.0.1:8848
19     sentinel:
20       transport:
21         port: 8085
22         dashboard: localhost:8099
```

这里添加的是第19～22行代码，指定了本项目和Sentinel数据交互的端口是8085，而Sentinel的Dashboard控制台端口是8099。

16.2.5 引入限流效果

启动项目和Sentinel组件后，可在浏览器中输入http://localhost:8099/，进入Sentinel控制台。

此时单击左侧的"请求链路"菜单，能看到如图16-5所示的效果，其中hrmanager_route是Gateway项目所设置的路由id。

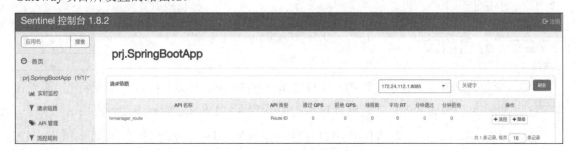

图 16-5 Sentinel 控制台的请求链路效果图

单击图16-5右侧的"流控"按钮，能看到如图16-6所示的"新增网关流控规则"界面。

在图16-6的"API类型"单选框中，可选择Route ID和"API分组"。这里是根据Route路由规则限流的，所以选择Route ID，在"API名称"输入框中可输入在网关项目中配置的路由规则的ID，表示该限流规则是针对该路由规则生效的。

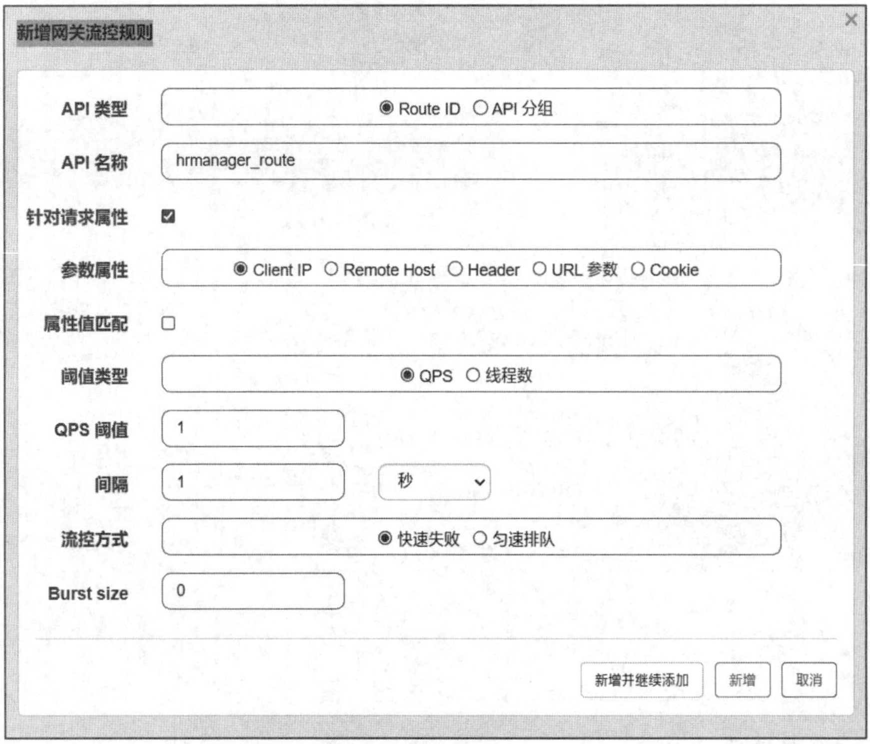

图 16-6 网关层的"新增网关流控规则"界面

在"针对请求属性"复选框中，可选择限流的方式，比如这里选的是"根据客户端的IP限流"。在阈值类型和GPS阈值等输入框中，可填入限流相关的参数，比如这里设置的限流规则是，每个IP每秒只能发出1个请求，且请求间隔是1秒。

设置完成后，可单击"新增"按钮保存该限流规则。配置完成后，凡通过Gateway网关项目中的hrmanager_route路由规则转发的请求，都适用该限流规则，访问的请求数量一旦超过限流阈值，对应的请求就会触发快速失效。

16.2.6　分组限流

前面设置的限流规则是全局性的，即只要是通过Gateway网关项目转发的请求，都要受该限流规则的约束。除此之外，还可以针对不同种类型的API请求对应地设置限流规则。

比如在该prj-backend后端项目中，部门相关的API包含dept_infu字符串，而员工相关的API则包含employee字符串，在Sentinel组件中，还可以针对这些不同类型的API以分组的方式设置限流规则。

具体可以在Sentinel组件中单击左侧的"API管理"菜单，进入如图16-7所示的界面。

在图16-7中，可单击右上角的"新增API分组"按钮，进入如图16-8所示的设置界面。

图 16-7 API 管理的菜单效果图

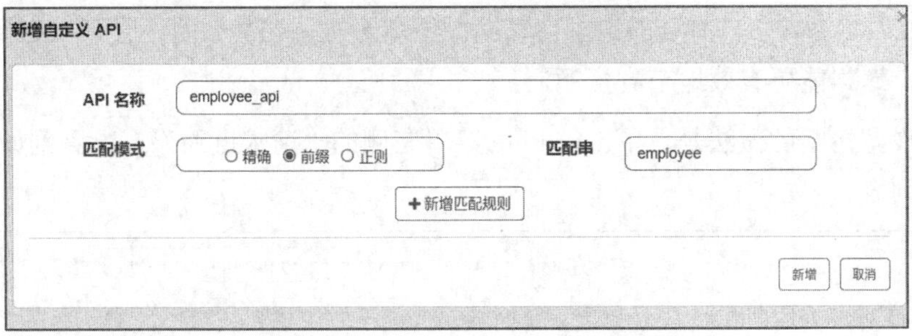

图 16-8 新增自定义 API 的示意图

比如要针对"员工管理"的API设置限流规则,那么可以像图16-8那样设置匹配规则为"前缀",同时设置匹配串为employee。

创建好名为employee_api的分组后,可回到如图16-6所示的"新增网关流控规则"界面,在其中的"API类型"单选框中,选择"API分组"单选按钮,而不是Route ID单选按钮,并在下方的"API名称"中选择刚创建的employee_api,同时填入限流参数,具体效果如图16-9所示。

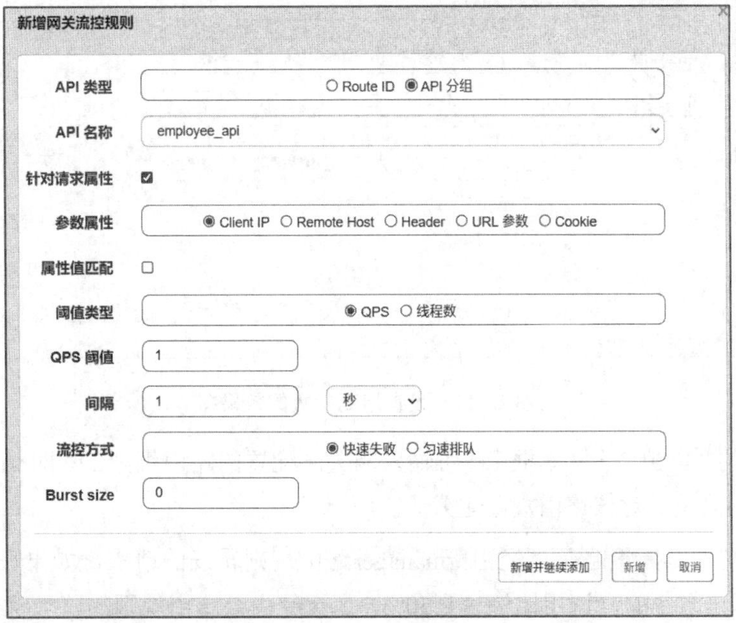

图 16-9 设置基于 API 分组的限流效果图

填写完成后，同样可以单击右下方的"新增"按钮新增该限流规则。这样，这条限流规则只是针对以risk开头的API，而不是针对全局性的API。用同样的方式，大家还可以针对"部门管理"或其他类型的API设置其他不同的限流规则。

16.2.7 引入熔断效果

在网关层，还可以根据由路由规则指定的请求链路设置服务熔断的安全防护措施，也就是说，一旦触发熔断，来自前端的请求会在网关层就会被阻挡掉，而不会再发送到业务组件所在的服务器，这样能更有效地节省资源。

在网关设置熔断的做法是，单击Sentinel菜单左侧的"请求链路"，能看到如图16-10所示的请求链路列表。

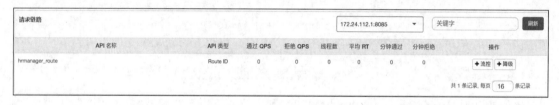

图 16-10 请求链路列表效果图

单击hrmanager_route这条数据右侧的"降级"按钮，能进入如图16-11所示的界面，在其中能设置熔断参数。

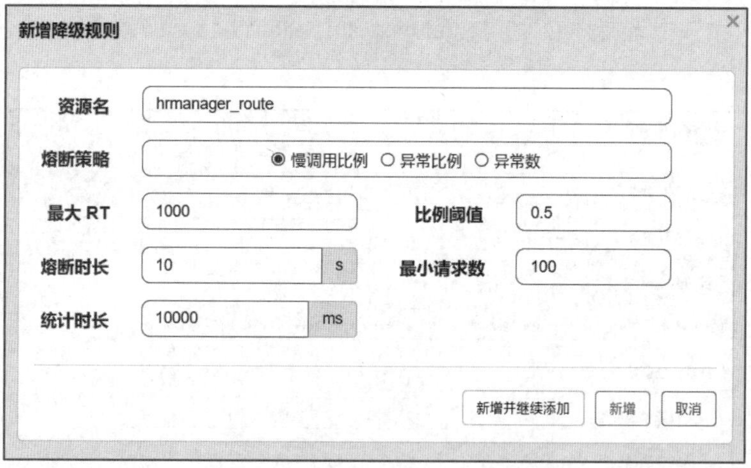

图 16-11 设置熔断参数的效果图

在图16-11的"资源名"文本框中，可输入网关层配置的路由规则ID，即hrmanager_route，表示该熔断规则只是针对该路由规则生效。

图16-11配置的熔断策略是，经由hrmanager路由规则转发的请求，如果在10秒内有100个流量，而且这些请求中的慢调用比例达到50%，那么经由该路由规则的请求就会被熔断，而且熔断时间会持续10秒。

10秒Sentinel 组件后会继续采样，如果依然触发熔断条件，那么经由该条路由的请求依然会被熔断。配置完成后，可单击右下方的"新增"按钮保存这条熔断规则。

16.3　实　践　练　习

（1）阅读16.1节的内容，理解Gateway网关组件的作用，同时理解网关组件的过滤器和断言等配置方式。

（2）本章给出的转发方式是，Gateway网关项目工作在8090端口，接收来自前端的请求，并把请求转发到工作在8080端口的后端prj-backend项目中。请通过修改前端prj-frontend项目、Gateway项目和后端prj-backend项目的配置参数，让Gateway网关项目工作在8085端口，同时把请求转发到工作在8090端口的prj-backend后端项目中。

（3）在运行16.2节给出的代码的基础上，理解Gateway网关组件整合Nacos服务治理组件和Sentinel安全防护组件的实践要点。

（4）根据16.2.6节分组限流部分给出的实现步骤，针对包含"hirenum"字符串的"招聘信息管理"的API，设置"一个IP一秒只能访问一次"以及"请求间隔为两秒"的限流效果。

第 17 章
整合Skywalking监控组件

为了确保项目在上线后能正常运行，程序员一方面要监控项目的运行情况，另一方面还需要通过日志观察请求的调用链路，对此可以引入 Skywalking 组件。在 Spring Cloud Alibaba 全家桶中，Skywalking 是一个监控工具，可以用于请求链路追踪和项目监控等场景。

本章首先在介绍监控需求的基础上，讲述搭建 Skywalking 运行环境的详细步骤，随后在此基础上，讲述在项目中整合 Skywalking 组件监控项目运行情况的实践要点，同时还会讲述搭建告警机制的具体步骤。

17.1　监控服务的需求与Skywalking组件

这部分将讲述Skywalking组件在服务监控方面的作用，同时给出搭建Skywalking组件运行环境的操作步骤。

17.1.1　服务监控需求分析

大多数后端项目上线后，一般会有如下方面的监控需求。

（1）在系统运行层面，需要了解系统的吞吐量和响应时间等情况。

（2）在系统资源层面，需要了解服务器的CPU和内存占有率等情况。

（3）在异常监控层面，需要了解出现异常的频率和异常信息。

（4）在异常告警层面，当线上系统运行时出现异常情况时，系统运维人员还希望能自动收到告警消息，以便第一时间上线排查并解决问题。

也就是说，当项目上线后，为了确保系统运行正常，程序员和系统运维人员不仅需要监控各种运行指标，还希望能自动收到异常等告警信息，否则单靠人工，很难有效排查每一个问题，也很难做到及时处理问题。

17.1.2　服务监控组件 Skywalking

Skywalking是一个基于分布式链路调用的服务监控组件，该组件监控项目时的框架结构如图17-1所示。

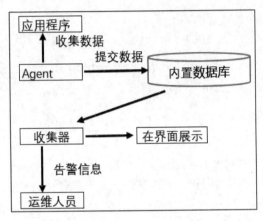

图 17-1　Skywalking 组件监控项目的框架图

Skywalking组件会通过Agent探针收集项目的日志以及运行情况，并把收集到的数据存储在内置数据库中。一般来说，Skywalking的内置数据库可以是Elasticsearch、MySQL、H2等。而链路收集器（Skywalking Collector）会根据收集到的信息，在UI界面上实时展示系统的运行情况。

此外，程序员还能通过编写配置文件设置监控系统的告警条件和警告信息发送渠道，比如通过手机告警或通过邮箱告警，这样一旦有线上问题，程序员就能第一时间收到告警信息，并在此基础上及时分析和排查问题。

17.1.3　搭建 Skywalking 运行环境

可以登录https://skywalking.apache.org/downloads/官网，在如图17-2所示的界面下载Skywalking组件的APM（Application Performance Management，应用性能管理）安装包。这里可选择Distribution，这样下载下来的安装包能在解压后直接使用。请注意，这里下载的是APM，而不是Agent。

下载后可解压Skywalking APM的安装包，解压目录中不要出现空格，也不要出现中文字符，比如可解压到D:\env\apache-skywalking-apm-8.8.1\apache-skywalking-apm-bin目录。解压后，能看到如图17-3所示的子目录结构。

Download the SkyWalking recommended releases

Use the links below to download the Apache SkyWalking from one of our mirrors.

Only source code releases are official Apache releases, binary distributions are just for end user convenience.

General

S **SkyWalking APM**

SkyWalking is an Observability Analysis Platform and Application Performance Management system.

🖊 Source ▾   Distribution ▾

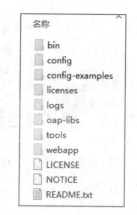

名称
- 📁 bin
- 📁 config
- 📁 config-examples
- 📁 licenses
- 📁 logs
- 📁 oap-libs
- 📁 tools
- 📁 webapp
- 📄 LICENSE
- 📄 NOTICE
- 📄 README.txt

图 17-2　Skywalking 官网界面　　　　图 17-3　Skywalking 子目录效果图

进入如图17-3所示的webapp子目录，修改webapp.yml配置文件，通过如下代码把Skywalking的工作端口修改成18080，而别用默认的8080端口。

```
01  server:
02    port: 18080
```

完成修改后，再次进入config子目录，修改application.yml配置文件中的storage配置，指定该Skywalking组件使用MySQL数据库来存储监控相关的数据。

```
01  storage:
02    selector: ${SW_STORAGE:mysql}
```

这里由于使用MySQL数据库来存储数据，因此还要修改如下代码设置MySQL的连接参数。

```
01  mysql:
02    properties:
03      jdbcUrl:
${SW_JDBC_URL:"jdbc:mysql://localhost:3306/swtest?rewriteBatchedStatements=true"}
04        dataSource.user: ${SW_DATA_SOURCE_USER:root}
05        dataSource.password: ${SW_DATA_SOURCE_PASSWORD:123456}
06        dataSource.cachePrepStmts: ${SW_DATA_SOURCE_CACHE_PREP_STMTS:true}
07        dataSource.prepStmtCacheSize:
${SW_DATA_SOURCE_PREP_STMT_CACHE_SQL_SIZE:250}
08        dataSource.prepStmtCacheSqlLimit:
${SW_DATA_SOURCE_PREP_STMT_CACHE_SQL_LIMIT:2048}
09        dataSource.useServerPrepStmts:
${SW_DATA_SOURCE_USE_SERVER_PREP_STMTS:true}
```

在上述配置文件的第3行中指定了Skywalking所用的MySQL数据库（Schema）名，这里是swtest。在第4行和第5行代码中指定了连接到MySQL数据库时所用的用户名和密码，这里大家可以适当修改成本机MySQL的参数。同时，还需要手动在MySQL数据库中创建由上述第3行代码指定的数据库，比如swtest。

完成上述修改后，可进入bin子目录，双击其中的startup.bat文件启动Skywalking APM组件。启动完成后，可在浏览器中输入localhost:18080打开Skywalking的监控界面。如果能在浏览器中看到如图17-4所示的界面，就能确认Skywalking APM组件成功启动。

图 17-4 Skywalking APM 组件成功启动后的效果图

17.2 后端项目整合Skywalking组件

为了让Skywalking的APM组件能成功监控后端项目,首先需要在项目中配置Skywalking的Agent探针,这样后端项目在运行时,就能把相关数据发送到Skywalking的APM组件中,进而可以在Skywalking组件的管理界面观察并监控后端项目的运行情况。

17.2.1 回顾后端项目的框架

这里将在第16章给出的后端框架基础上,搭建基于Skywalking的监控组件,该框架的结构如图17-5所示。

Prj-backend后端项目工作在8080端口,其中的服务注册到Nacos组件上。而在后端项目之前构建的是用于转发请求的Gateway项目,该项目工作在8090端口,是用Spring Cloud Alibaba的Gateway网关转发请求的,同样,该项目会注册到Nacos组件上。

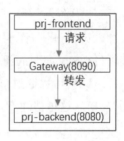

图 17-5 待监控项目的结构图

17.2.2 配置 Skywalking 的 Agent

前面在讲到Skywalking组件时提到了两个概念,一个是APM,另一个Agent。APM组件用来收集、存储和分析性能相关的数据,并通过UI界面展示性能分析的结果,而Agent则和待分析的项目相关联,即项目通过Agent向APM发送性能数据。

首先需要下载Agent,可到Skywalking的官网https://skywalking.apache.org/downloads/找到如图17-6所示的Skywalking Java Agent的下载界面。

图 17-6 Skywalking Java Agent 的下载页面

需要说明的是，除Java项目外，Skywalking组件还能监控Python等其他类型的项目，这里要监控Java项目，所以下载Java Agent。

下载后可在本地解压压缩包，在其中能看到skywalking-agent.jar文件，该文件可以用来监控Java项目。比如可解压到D:\env\apache-skywalking-java-agent-8.8.0\skywalking-agent路径。请记住该路径，后面会用到。

17.2.3　监控后端项目

这里要在prj-backend和Gateway这两个项目的运行参数中添加Agent的相关配置参数。

在prj-backend项目的运行参数中，需要添加如下代码，其中第1行skywalking-agent.jar所在的路径需要和之前的解压路径相对应。

```
01  -javaagent:D:\\env\\apache-skywalking-java-agent-8.8.0
\\skywalking-agent\\skywalking-agent.jar
02  -Dskywalking.agent.service_name=hrmanager
03  -Dskywalking.collector.backend_service=localhost:11800
```

加入第1行代码后，该项目在启动时就能加载Skywalking Java Agent的JAR包。第2行指定了该项目被Skywalking组件监控时的项目名，具体是hrmanager。加入第3行的代码后，该项目在运行时，就可以通过Java Agent把性能相关的数据传递到Skywalking APM组件收集数据的11800端口。这里请注意，APM的运行端口是18080，而收集数据的端口是11800。

这里请注意，运行参数是加入VM options栏中的，该项目在IDEA中加入运行参数的效果如图17-7所示。

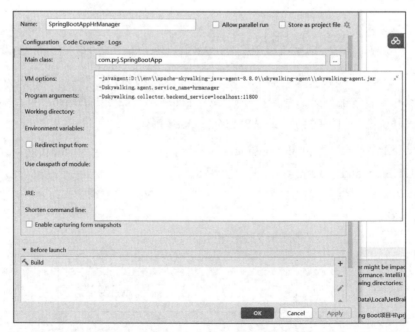

图 17-7　为 prj-backend 项目引入 Agent 运行参数

用同样的方法，可在Gateway项目的运行参数中添加类似的代码，用来加载Agent的依赖包。和之前的项目不同的是，需要修改第2行的代码，指定该项目被Skywalking组件监控时的项目名是Gateway，这里依然向11800发送性能相关的数据。

```
01  -javaagent:D:\\env\\apache-skywalking-java-agent-8.8.0
\\skywalking-agent\\skywalking-agent.jar
02  -Dskywalking.agent.service_name=Gateway
03  -Dskywalking.collector.backend_service=localhost:11800
```

在Gateway项目中引入Agent参数的效果图如图17-8所示。

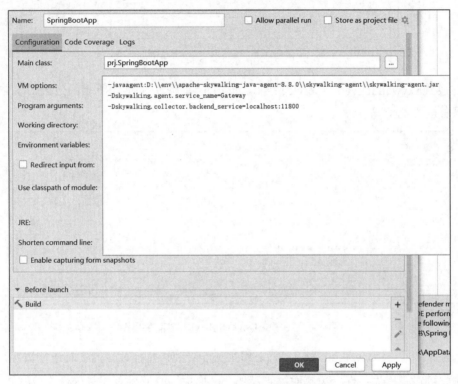

图 17-8　为 Gateway 项目引入 Agent 运行参数

完成添加运行参数后，启动Nacos和Skywalking组件，再启动这两个项目，启动后可以在这两个项目的控制台看到如下输出，这能确认两个项目成功加载Skywalking Java Agent组件包。

```
01  DEBUG 2023-09-05 07:07:41:972 main AgentPackagePath : The beacon class location
is jar:file:/D:/env/apache-skywalking-java-agent-8.8.0/skywalking-agent/
skywalking-agent.jar!/org/apache/skywalking/apm/agent/core/boot/AgentPackagePath.
class.
02  INFO 2023-09-05 07:07:41:975 main SnifferConfigInitializer : Config file found
in D:\env\apache-skywalking-java-agent-8.8.0\skywalking-agent\config\agent.config.
```

17.2.4　观察监控效果

启动prj-backend和Gateway项目后，再启动前端项目，然后通过前端发送若干请求。随后可打开浏览器,输入http://localhost:18080/打开Skywalking APM组件的UI界面,在其中的Global页面能看到如图17-9所示的效果,从中能看到请求响应的时间。

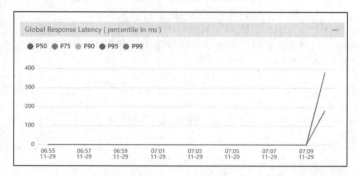

图 17-9　查看请求响应时间的效果图

再切换到Skywalking UI的Service界面,此时能看到如图17-10所示的效果,从中能看到Service服务的性能情况。

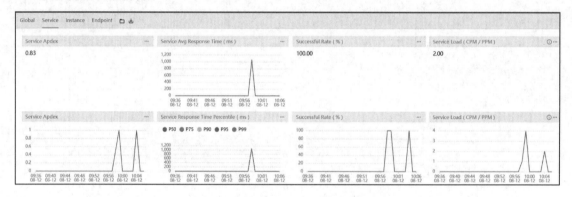

图 17-10　Skywalking UI Service 界面效果图

也就是说,通过Skywalking的UI界面,程序员能看到待监控项目的实时运行情况,如果出现请求响应过慢等现象,程序员就能及时发现,从而能够有效排查和解决相关性能问题。

17.3　设置基于Skywalking的告警机制

程序员除通过观察Skywalking界面实时监控外,还能设置告警机制。具体来说,可以在Skywalking组件的alarm-settings.yml配置文件中配置告警相关参数,这样一旦被监控项目在运行时出现异常,Skywalking组件就会自动发送告警信息。

17.3.1　配置告警规则

打开Skywalking组件的安装路径,进入config子目录,打开其中的alarm-settings.yml文件,在该文件中能看到默认的告警规则,其中一个告警规则的代码如下。

```
01  rules:
02    # Rule unique name, must be ended with `_rule`.
03    service_resp_time_rule:
04      metrics-name: service_resp_time
05      op: ">"
06      threshold: 1000
07      period: 10
08      count: 3
09      silence-period: 5
10      message: Response time of service {name} is more than 1000ms in 3 minutes
of last 10 minutes.
```

告警规则以第1行的rule:开头，在第3行代码中定义了该规则的名字，请大家注意，告警规则的名字需要用"_rule"结尾，否则就会出现问题。

而在上述告警规则的第4～10行代码中定义该规则的相关参数，表17-1整理了告警参数的相关含义。

表 17-1　Skywalking 告警参数含义一览表

参 数 名	说 明
metrics-name	所监控的性能维度
op	比较操作符
threshold	监控的性能阈值
period	监控的时间范围，单位是分钟
count	一旦异常数量达到该参数指定的值，就发送告警
silence-period	忽略同类告警信息的时间范围，单位是分钟
message	出现该异常后，会发出该告警信息

综合上述参数，service_resp_time_rule告警规则所对应的告警动作是：监控项目的服务响应时间，在10分钟这个时间范围内，如果响应超过1000毫秒（1秒）的请求数量为3次及以上，就会发出message告警信息。

事实上，Skywalking组件所监控的性能维度定义在config/core子目录的core.oal文件中。其中除上述监控给出的维度外，还能看到如图17-11所示的其他性能维度。

```
// All scope metrics
all_percentile = from(All.latency).percentile(10);  // Multiple values including p50, p75, p90, p95, p99
all_heatmap = from(All.latency).histogram(100, 20);

// Service scope metrics
service_resp_time = from(Service.latency).longAvg();
service_sla = from(Service.*).percent(status == true);
service_cpm = from(Service.*).cpm();
service_percentile = from(Service.latency).percentile(10); // Multiple values including p50, p75, p90, p95, p99
service_apdex = from(Service.latency).apdex(name, status);
```

图 17-11　在 core.oal 文件中定义的监控维度

从中可以看到，core.oal文件是通过类似Service.latency等语法格式自定义监控维度的。在此基础上，alarm-settings.yml文件可以根据这些维度创建监控性能的告警规则。

除前面提到的默认监控规则外，表17-2还给出了在alarm-settings.yml文件中定义的其他监控规则及其相关监控的性能维度。

表 17-2 Skywalking 监控规则整理表

规 则 名	监控维度	说 明
service_sla_rule	service_sla	最后 2 分钟服务成功率低于 80%
service_resp_time_percentile_rule	service_percentile	过去 10 分钟里，出现响应时间过长的情况
service_instance_resp_time_rule	service_instance_resp_time	过去 10 分钟里，服务响应时间超过 1 秒的次数出现超过 2 次
database_access_resp_time_rule	database_access_resp_time	过去 10 分钟里，数据库响应时间超过 1 秒的次数出现超过 2 次
endpoint_relation_resp_time_rule	endpoint_relation_resp_time	过去 10 分钟里，终端响应时间超过 1 秒的次数出现超过 2 次

17.3.2 观察告警效果

为了能直观地看到告警效果，可在alarm-settings.yml文件中把名为service_resp_time_rule的规则的配置代码改成如下形式，故意触发告警信息。

```
01  rules:
02    # Rule unique name, must be ended with `_rule`.
03    service_resp_time_rule:
04      metrics-name: service_resp_time
05      op: ">"
06      threshold: 1
07      period: 10
08      count: 1
09      silence-period: 2
10      message: Response time of service {name} is more than 1000ms in 3 minutes of last 10 minutes.
```

改变后的规则是，在10分钟内，如果服务响应时间超过1毫秒，且次数大于或等于1，就会提示告警信息。

这个规则很容易被触发，完成设置后，可以启动相关组件和项目，同时在前端项目中多次发出请求，由于这些请求的处理时间超过1毫秒，且数量大于1，因此能在Skywalking监控页面上看到告警信息。

从性能监控的项目实践来看，Skywalking提供的默认监控规则能很好地覆盖所需监控的性能维度。换句话说，如果大家使用Skywalking来监控系统运行，可以不用新增监控规则，而根据监控需求修改规则中的相关参数，这样就能满足大多数场景中的项目监控需求。

17.3.3 通过 Webhooks 发送告警信息

通过前面给出的步骤完成相关配置后，程序员能在Skywalking界面上看到告警信息。不过在实际项目中，还需要把告警信息用Web页面的方式展示出来，以便程序员看到细节后能进一步排查问题。该需求能通过改写alarm-settings.yml中的webhooks参数来完成，具体步骤如下。

步骤 01 改写alarm-settings.yml文件中的webhooks参数，修改后的代码如下。

```
01  webhooks:
02    - http://127.0.0.1:8080/alarm/
```

这样一旦出现告警信息，就会调用http://127.0.0.1:8080/alarm/请求，发送告警信息。

步骤 02 由于后端prj-backend项目工作在8080端口，因此可以在该项目中添加用于接收告警信息的业务类AlarmMsg，该类中定义的属性需要和Skywalking组件的告警信息格式完全一致，相关代码如下。

```
01  class AlarmMsg
02  {
03      private int scopeId;
04      private String name;
05      private String id0;
06      private String id1;
07      private String alarmMessage;
08      private long startTime;
09      //省略针对上述属性的get和set方法
10  }
```

上述代码第7行定义的alertMessage属性指定的alarmMessage属性表示该告警信息的内容，第8行指定的startTime属性定义了该告警信息发生的时间戳。

步骤 03 在prj-backend项目中创建一个新的控制器类，在其中添加处理告警信息的业务动作，相关代码如下。

```
01  @PostMapping("/alarm")
02  public void alarm(@RequestBody List<AlarmMsg> alarmMsgs) {
03      logger.info("alert happens");
04      logger.info(alarmMsgs.get(0).getAlarmMessage() );
05  }
```

该方法是用POST的形式接收/alert格式的URL请求的。该URL请求的alertmMsg参数格式需要和alarm-settings.yml中的webhooks参数保持一致。

具体来看，该方法的参数是List<AlarmMsg>格式的，用以接收Skywalking监控组件发来的告警信息，在该方法的第4行代码中，通过logger.info语句输出告警信息，事实上，该方法还能进一步处理告警信息，比如向特定的人发送送邮件，或跳转到指定页面。

完成改动后重启组件和项目，再次请求触发告警，此时除能在Skywalking组件的UI监控界面上看到告警信息外，还能在后端项目的控制台看到输出如下告警语句。

```
01  2023-09-04 19:35:23.879 [TID: N/A] [http-nio-8080-exec-1] INFO
prj.Controller - alert happens
02  2023-09-04 19:35:23.879 [TID: N/A] [http-nio-8080-exec-1] INFO
prj.Controller - Response time of service NacosProvider is more than 1000ms in 3 minutes
of last 10 minutes.
```

通过上述输出可以确认，Skywalking组件发出的告警信息确实能经过Webhooks成功地发送控制器类上，而且控制器类中定义的告警信息处理方法是工作正常。

17.4 实践练习

（1）阅读17.1节的内容，理解项目的服务监控需求，同时在本地搭建Skywalking运行环境。

（2）按照17.2节给出的实践步骤，在相关项目中整合Skywalking的Agent组件，并尝试向Skywalking的APM组件发送监控数据。

（3）按照17.4.2节给出的步骤，在Skywalking界面上观察监控效果，并在此基础上，按照17.3节给出的步骤配置告警规则，并观察告警效果。